咖啡大師咖啡館

U0024793

追冠軍級創意咖啡大公開

作者／鄭雅綺

攝影／楊志雄

Caffè 4MANO

夢想的起點
4MANO CAFFE 由於云做咖啡的基因

4MANO · A Dream for Tomorrow

BUS
TAIEX rallies

在這城市裡，品一杯大師級咖啡

「我不在家，就在咖啡館；我不在咖啡館，就在往咖啡館的路上。」這是奧地利詩人、同時也是散文作家 Peter Altenberg 的名言，一語道盡他和咖啡館密不可分的緣分，更為他贏得了咖啡館作家（Café Writer）的封號。而台北市於 2012 年被美國媒體入選為全球 10 大咖啡城市之一，似乎也正昭告國際，我們的生活不僅已經和咖啡館融合，更創造出自有的咖啡文化。

另一方面，台灣多年來參與許多國際間的咖啡賽事，歷年的世界盃咖啡大師比賽，近來的世界盃拉花大賽台灣區選拔賽，證明台灣咖啡師確實已走入國際。當然，還有許多台灣區域性的大小比賽持續進行著，這些大小比賽不僅孕育出優秀的選手，更淬鍊出一位位咖啡大師。那麼，我們要在哪裡喝到這些咖啡大師的好手藝呢？

答案相當令人振奮，因為這些咖啡大師進駐的地點，並不僅限於獨立咖啡館，我們還能在連鎖咖啡、學區早餐店裡喝到這些競賽級、甚至冠軍級的咖啡手藝。這也表示，要喝上一杯好咖啡，我們有更多元的選擇：在平日隨處可見的連鎖咖啡館，快速外帶一杯拿鐵；優閒的午後，和三五好友一起到精緻的咖啡館品咖啡、聊是非；假日的早晨，豐盛的 brunch 中也有冠軍級咖啡相伴……。

這些歷經各項賽事的咖啡師們要在比賽中，除了在咖啡基礎功夫上競技之外，「創意」是另一項不可或缺的要素。創意咖啡要有完整的發想概念、和諧的味覺口感、完美的視覺呈現，因此，在研發創意咖啡時，咖啡師們必須經過難以計數的測試、計算，拿捏它的比例、搭配性。對很多咖啡師來說，這是一項迷人又艱辛的挑戰，就連取名字都是一大學問，要人聽了就想試試！

在本書裡，我們請到這些競賽級的咖啡師們示範創意咖啡的作法，從基礎的卡布奇諾、拿鐵、摩卡巧克力等開始，進階到他們的獨家創意咖啡，裡面更有許多是比賽中得獎的創意咖啡作品。在這裡，要特別感謝所有參與這本書的咖啡職人們，因為你們不藏私地分享獨門祕方與祕訣，我們才能一窺創意咖啡之堂奧。

現在，就讓我們依著心情和想望，
挑一杯最具代表性的創意咖啡吧！

鄭雅綺

目　錄

003　　自序

【Part I 來吧，認識花式咖啡】

008　**關於。咖啡豆**

010　不同產地的咖啡豆

012　咖啡豆的烘焙度

014　咖啡豆的研磨度

017　**Espresso 基底咖啡的萃取方式**

031　**Flavor 基底咖啡的美麗配角**

032　最佳男配角──酒類

034　最佳女配角──糖漿

【Part II 花式咖啡的「微 · 藝術」】

039　**奶泡。咖啡上的閃耀皇冠**

041　製作奶泡所需的器具

043　**拉花。推、拉、點**

044　拉花。達人示範

【Part III 探訪咖啡達人的咖啡館】

056　咖啡大師與他們的咖啡館

神燈咖啡　　　　　058

064　Barista Profile ／呂長澤

066　卡布奇諾

068　冰拿鐵咖啡

070　摩卡巧克力

072　冰淇淋濃縮

074　維也納咖啡

4MANO CAFFÉ　　　076

084　Barista Profile ／侯國全

086　濃情密意

088　金色沙丘

090　鴛鴦水滴

092　咖啡森林

094　Barista Profile ／張仲侖

096　豐年禮讚

098　府城沁星

100　橙香芙蕾

102　咖啡提拉米蘇

104　花開富桂

COFFEE 88　　　　106

112　Barista Profile ／吳柄頡

114　**OH YA** 特調

116　**Cherry Bomb**

118　草莓康寶藍

120　**Infinite**

122　湖櫻夢

GABEE.   124

132 同場加映・FabCafe

136 Barista Profile ／林東源

138 紫色碎冰

140 柚香清酒

142 羅馬帝國

144 啡你莫薯

146 薰衣草天空

Jim's Burger & Café   148

154 Barista Profile ／簡嘉程

156 蛋蜜咖啡

158 **Summer**

160 薑汁拿鐵

162 叉燒摩卡

164 滿山紅

曼咖啡   166

172 Barista Profile ／莊宏彰

174 森林紅茶那堤

176 醇麥威士忌那堤

178 杜鵑

180 **101** 煙火

182 起士變奏曲

Maru Café   184

192 Barista Profile ／侯珍微

194 番茄咖啡

196 薰衣草森林咖啡

198 橘子紅了

八葉咖啡   200

206 Barista Profile ／劉家維

208 童年

210 芋香咖啡

212 糖裹巧克力橘子

214 人生的滋味

也門町 精選咖啡   216

222 Barista Profile ／黃明志

224 香戀台北咖啡

226 啡嚕台北

228 鍾愛一生

230 花 **young** 年華

232 冰釀

The Lobby of Simple Kaffa 234

242 Barista Profile ／吳則霖

244 波斯菊

246 啤兒咖啡

248 **Circle**

250 大丈夫

252 琥珀

PART 1

來吧，認識
花式咖啡

了解咖啡的各種姿態

花式咖啡，擁有許多不同的變化，可依照心情品嘗不同口味的咖啡。若想為平淡的生活增添更多樂趣，那就動手、加加味，調製出一款自己專屬的花式咖啡！

關於 · 咖啡豆
千變萬化的迷人果實

花式咖啡的基礎在於咖啡基底，而咖啡基底的關鍵則是「咖啡豆」。
影響咖啡豆的因素很多，除了品種、產地、樹齡這類基本條件之外，
採摘、處理、烘焙的過程，都會影響到最後咖啡豆的呈現。

不過，咖啡是一種主觀的個人品味，每個人對香味、酸味、苦味的
喜好程度不同，一般而言，花式咖啡並不特別表現咖啡豆本身的特
質，反而是需有較大的彈性，而 barista 所創作的創意咖啡，多根據
配方豆的風味特性來選擇搭配的食材，和其他調味品結合。

目前咖啡館除了販售單品咖啡豆之外，都有提供所謂的「配方豆」，
配方豆是由咖啡館在眾多咖啡豆中，精選、組合出黃金比例，
如果已經習慣喝某家咖啡館的咖啡，不妨直接選用該店的配方
豆，畢竟，符合自己口味的，就是最好的咖啡豆。

不同產地的咖啡豆

和紅酒一樣,來自不同產地的咖啡豆,即使品種相同,也因為風土條件、照料方式的不同,而讓咖啡豆的風味不同。儘管如此,產地本身還是足以影響咖啡豆的風味表現,以下是常見的重要產地:

非洲

咖啡的發源地,著名的咖啡生產國包括衣索比亞(Ethiopia)、肯亞(Kenya)、坦桑尼亞(Tanzania)、辛巴威(Zimbabwe)。如同非洲廣袤的大草原般,非洲產的咖啡豆口味較為狂放、豐富,果酸味較重。衣索比亞的耶加雪啡是風味最特別的咖啡之一。

亞洲

主要的咖啡生產國有印度(India)、印尼(Indonesia)、越南(Vietnam)、葉門(Yemen),但葉門離衣索比亞較近,通常會歸類在非洲。此區咖啡豆在口味上比較飽滿、醇度高,但酸味低、質感濃稠,風味上帶有藥草味。印尼的蘇門達臘更是世界聞名的精品咖啡豆產區。

中美洲與加勒比海群島

此區的咖啡生產國,如哥斯大黎加(Costa Rica)、宏都拉斯(Honduras)、薩爾瓦多(El Salvador)、瓜地馬拉(Guatemala)、牙買加(Jamaica)、墨西哥(Mexico)、尼加拉瓜(Nicaragua),其咖啡豆多來自高海拔的山區,品質優異、酸味明亮,是世界精品咖啡主要產區,巴拿馬 Geisha(藝妓)是目前最熱門的咖啡豆。

南美洲

著名的生產國有巴西(Brazil)、哥倫比亞(Colombia)、祕魯(Peru)、玻利維亞(Bolivia),巴西為全球最大的咖啡生產國,哥倫比亞則名列第三位,這使得此區儼然成為世界主要的咖啡產區。此區所產的咖啡口感溫和,微酸、沒有太多苦味,除了哥倫比亞之外,其餘國家的咖啡豆價格均較為平實。

咖啡豆的烘焙度

咖啡生豆裡蘊藏著豐富的芳香成分，透過烘焙的過程，這些芳香成分得以被喚醒，造就出咖啡獨樹一格的香氣，當烘焙得越深，香氣也會越不明顯。烘焙度的深淺還主導了咖啡的「苦」和「酸」，烘焙得越深，酸味就越低，苦味也越加明顯。而隨著烘焙的加深，咖啡豆的原始特質也會因炭化影響，逐漸消失。咖啡是主觀的評斷，只要找到自己喜愛的口感、選擇適當的烘焙度，好咖啡並不難尋。

市面上較常使用的 3 種烘焙度：

淺焙

通常使用在一般單品上，由於屬於淺焙，能讓咖啡豆特有的花香或是果香被引出，卻不會因為過度烘焙而消失殆盡，可以保留咖啡豆風味的完整。

標準的烘焙度約分為極淺焙（light）、淺焙（cinnamon）、中焙
（medium）、中深焙（high）、深焙（city）、極深焙（full city）、法
式烘焙（French）、義式烘焙（Italian）。法式與義式烘焙均屬極度深
焙的方式，咖啡豆本身炭化成黑色，擁有強烈的苦味。

中焙

亞洲咖啡豆的醇度較高，萃
取出的咖啡較具黏稠性，因
此多半以中焙方式處理，
有時也會採用到中深焙的程
度，此焙度甜味表現佳。

深焙

最常使用在義式咖啡以及綜合咖啡
上，由於烘焙得深，咖啡因的含量
也較淺焙豆來得低。萃取出的咖啡
濃郁，苦味的表現比酸味明顯得
多，此焙度回甘的表現是重點。

咖啡豆的研磨度

在進行萃取之前，還得經過研磨這道程序。咖啡豆在經過研磨之後，風味便開始一點一滴消失，「新鮮」是保持風味的不二法門。如果礙於家裡沒有磨豆器而不得不請咖啡店家代為研磨，建議以少量多次的方式處理，畢竟，等咖啡風味盡失時再來萃取咖啡，已經喝不到最初的新鮮味。

因此，建議喜愛在家裡沖泡、調製咖啡的你，在家中準備自己的磨豆器。想喝咖啡之前，再將咖啡豆拿出來研磨，喝多少磨多少，隨

3 種常見的研磨度：

粗研磨
大小如粗白糖的顆粒狀，適用於法式濾壓壺沖泡。

時有最新鮮的咖啡粉可以使用。磨豆器的類別大致分為手動及電動，手動的磨豆器造型古典，也不太占空間，缺點是初學者容易有研磨不均的問題。但相較之下，手動磨豆機為錐刀，研磨效果會優於初階的電動砍豆機。由於咖啡豆本身含有油脂，使用完磨豆器一定要清理，方便下次使用。至於最讓人困擾的研磨度，則要以萃取或是沖泡方式來決定，不同的萃取沖泡方式有其各自適合的研磨度，萃取或沖泡時間越長的，其研磨程度就要偏粗。

中研磨
顆粒大小類似砂礫，適用於濾紙式手沖法、虹吸壺。

細研磨
接近粉狀，適用於義式咖啡機、義式摩卡壺、愛樂壓、TWIST 等萃取法。

Espresso
基底咖啡的萃取方式
教你如何煮出好咖啡

本書所示範的花式咖啡，多半是以 espresso，也就是義式濃縮咖啡當做基底，因此這裡也多著重在濃縮咖啡的萃取方式。大致上來說，以義式咖啡機、義式摩卡壺、愛樂壓、TWIST 所萃取出的咖啡，都能運用在本書示範的咖啡中。另外，法式濾壓和濾紙式手沖法是台灣普遍的沖泡方式，也能使用在花式咖啡品項中。

咖啡的萃取方式有很多種，接著是介紹義式咖啡機、義式摩卡壺、愛樂壓、TWIST 等 4 種萃取方式，以及法式濾壓和濾紙式手沖法 2 種沖泡法。

01

義式咖啡機

義式咖啡機大致上分為營業用與家用咖啡機 2 種，營業用咖啡機的壓力達 9bar（大氣壓力單位），而一般家用義式咖啡機則較難達到，但營業用機種動輒數十萬，體積也較大，較不適合居家使用。由義式咖啡機萃取出的咖啡為 espresso，由於是濃縮咖啡，因此用來調製花式咖啡是再適合也不過。使用義式咖啡機時，建議搭配細研磨度的咖啡粉。

萃取過程

1. 在濾器內填入咖啡粉。
2. 以食指和拇指接觸濾杯旋轉、整粉。
3. 再以食指和中指來回輕觸，讓咖啡粉的密度均勻。
4. 以填壓器垂直下壓濾器，將其表面拋光。
5. 將把手卡入義式咖啡機。
6. 按下開關，即開始萃取咖啡，萃取至30cc時即可關掉開關。

義式摩卡壺

義式摩卡壺是義大利常見的咖啡器具，目前市面上分為有聚壓閥和無聚壓閥 2 種形式。聚壓閥，顧名思義，具有聚壓的效果，可以萃取出類似 espresso 的效果。使用在義式咖啡壺的咖啡粉最好是細研磨度，選擇分量適合的摩卡壺，將咖啡粉填滿濾器後，加入的水以不超過壺內洩壓閥為標準，就可以煮出一杯帶有 crema 的咖啡。

萃取過程

1. 在濾器中填滿咖啡粉，略為整平，避免當中存留太多空隙。
2. 下壺內放入冷水，水的高度不超過洩壓閥。
3. 將裝有咖啡粉的濾器放入下壺。
4. 旋進上壺。旋得過緊會導致清理時不易開啟，過鬆則水會滲出，因此要控制力道。
5. 打開瓦斯燈，開始加熱。火的大小不要大於下壺的底面積。
6. 聽見噴氣聲後，咖啡開始上升，約至七分滿即可關掉火源、倒出咖啡。

03

愛樂壓 AeroPress

外形看起來像是大針筒的愛樂壓，是 2005 年由美國研發出來的新式商品。它的萃取方式結合了法式濾壓的浸泡、手沖法的過濾、義式咖啡機的快速，也因此，它在咖啡的濃淡度表現上可以更彈性，完全可依照使用者的喜好，萃取出美式咖啡、手沖咖啡，甚至是接近 espresso 的口感。另一方面，它在攜帶與清洗上也都十分便利，使用過程更是簡單易懂。

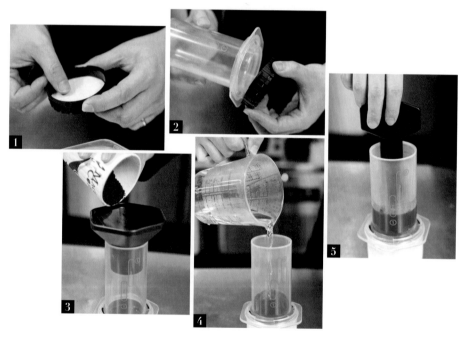

萃取過程

1. 取1張濾紙平鋪於濾器上，若想要濃度更濃些，可多放1張濾紙。
2. 將濾器鎖上沖煮器，再將沖煮器置放於咖啡杯上。
3. 利用所附的漏斗，將咖啡粉倒入沖煮器內。
4. 加入適量熱水（85°C），靜置10秒。
5. 用攪拌棒攪拌約10秒。
6. 壓筒往下用力施壓，即可萃取出咖啡。

TWIST

由美國 mypressi 所生產的 TWIST，是近幾年的咖啡機新作，由於它使用方便、造型時尚簡潔，因此在 2009 年獲得美國精品咖啡協會（SCAA）最佳發明獎。雖然輕巧，卻和營業用義式咖啡機一樣具備 9 bar 的標準壓力，所萃取出的咖啡幾乎可稱為是 espresso。同時，由於 TWIST 不需要外接電力，更被許多業界人士稱之為行動咖啡機。

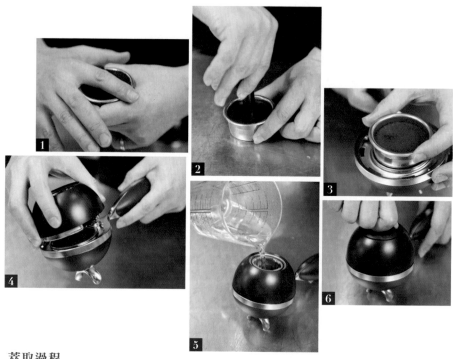

萃取過程

1. 將咖啡粉填入濾器，以手指略微整粉。
2. 以填壓器將咖啡粉間的縫隙壓實。
3. 將壓好粉的濾器放入 TWIST 把手。
4. 鎖上盛水器，此時盛水器的上方尚未加蓋。
5. 注入沸騰的熱水。
6. 將盛水器的上蓋鎖上，取一咖啡杯置於分流嘴下方。
7. 以手指按壓開關，咖啡即會隨分流嘴流下。

05

法式濾壓

法式濾壓是一種非常方便的萃取方式，小巧、不占空間的法式濾壓壺，更是居家、辦公空間內的好用器具。法式濾壓壺適合使用粗研磨度的咖啡粉，雖然此種萃取方式較容易留有咖啡渣，但有許多人卻特別鍾愛這種口感。咖啡粉與水的比例約為 1:17，可視個人喜好略做調整，這裡使用咖啡粉 18g，搭配水 300cc 做為示範。

萃取過程

1. 法式濾壓壺先以熱水進行溫壺，溫好壺後即可放入咖啡粉。
2. 將300cc的熱水（85°C）倒入壺中。
3. 以竹製攪拌棒將邊緣的餘粉均勻拌入。
4. 將濾網上拉，並蓋上壺蓋。
5. 靜置4分鐘。最好配合定時器的使用，避免時間過長讓咖啡出現苦味。
6. 將金屬濾網下壓至底，即可將咖啡倒出。

濾紙式手沖法

使用濾紙進行手沖的萃取法，無論在器具的使用或是萃取過程，都是初學者相當容易上手的。基本上，只要準備好濾杯、濾紙、分享壺、手沖壺，選擇中研磨度的咖啡粉，幾個簡單的步驟便可以完成一杯手沖咖啡。咖啡粉與水的比例約為 1:17，可視個人喜好略做調整，這裡使用 15g 的咖啡粉做為示範，將萃取出 250cc 的咖啡。

萃取過程

1. 先將濾紙邊緣略折，用手整理一下濾紙，讓它更加貼合濾杯。
2. 壺裝85～95°C的熱水，先輕沖一下濾紙進行清潔，再將滴落在分享壺內的水倒掉。
3. 咖啡粉倒入清潔後的濾杯，再用手輕拍裝有咖啡粉的濾杯，將其整平。
4. 在整平後的咖啡粉中心上，以尖銳物撥出一個洞，方便注入熱水。
5. 在撥出的洞中，由內往外地注入3～4圈熱水，停20秒讓咖啡粉吸水膨脹。
6. 膨脹後，再由內往外繞圈，注入3～4圈熱水。
7. 待濾杯中的水降至1/3處，再次以手沖壺由內往外繞圈，注入3～4圈熱水。再由外往內繞圈，注入3～4圈熱水。等待分享壺中滴漏約250cc的咖啡液即完成。

Flavor
基底咖啡的美麗配角
令人著迷的花式咖啡

如果花式咖啡的男、女主角是咖啡和鮮奶，那麼，
酒和糖漿該是最美麗的男、女配角了！想要跳脫出
不同的味覺新滋味，當然就要尋找各種可能。

最佳男配角—— 酒類

在咖啡中使用酒類,最著名的應該是愛爾蘭咖啡吧!咖啡與酒都各有其特殊風味,將兩者融合起來,似有一種醉人的滋味。由於使用的酒類酒精濃度多半較高,在調製時不會太多,以免遮蓋咖啡味道。

Kahlúa 咖啡酒

將高酒精濃度的蒸餾酒與咖啡香料結合,在咖啡業界常被使用,基底用的是白蘭地,所使用的是來自墨西哥的咖啡豆,豆子本身在烘焙時與甘蔗一同進行烘烤,因此帶有清新的香氣。除了適合用來調製花式咖啡,也常被使用在西點烘焙、調酒等用途。

JAMESON IRISH WHISKEY 愛爾蘭威士忌

主原料大麥麥芽,另外則是其他不同的穀物。它是經過 3 次蒸餾而製成的酒類,因此有濃厚的大麥香味。口味清新爽口的 JAMESON IRISH WHISKEY 愛爾蘭威士忌,喝起來略帶有焦糖味,很適合和咖啡一起飲用。

GRAPPA 白蘭地

產於義大利的 GRAPPA 白蘭地，是種烈酒，被義大利人視為飯後酒，入口的辛辣讓人難忘。義大利人用它來做菜，也用來搭配甜點、巧克力，更可加入咖啡一起飲用。

DITA 荔枝酒

來自法國，聞起來香甜濃郁，但入口卻嘗不到一絲甜味。DITA 荔枝酒適合與果汁一起調配，加入巧克力中製作時，也能為巧克力帶來一股甜蜜的香氣，讓人再三回味。

SAMBUCA VACCARI 茴香酒

產自義大利，是開胃酒的一種。它是將莓果、甘草根、茴香浸泡一起再進行蒸餾的酒類。

BAILEYS 奶油酒

鮮奶油和愛爾蘭威士忌的結晶，讓剽悍的酒精飲料融入一絲柔情，雖然是高酒精濃度的酒類，有了鮮奶油的調和，倒入杯中立即奶香四溢，口感如絲綢般滑順。

COINTREAU 君度橙酒

酒精濃度約 40％，屬於加糖再製的酒類，甜度非常高。酒本身呈現透明色，一打開就能聞到橙香，入口後會在口中留下柑橘的香氣，可使用在調酒、甜點烘焙、巧克力的製作上。

BACARDI 蘭姆酒

在許多調酒中都會出現，也適合搭配巧克力、冰淇淋類的甜點，也可加入冷飲，增加風味。

※ 飲酒過量有害身體健康。

最佳女配角——糖漿

糖漿現在還有個更俏皮的名字，叫做果露，口味也因為各家廠商的推陳出新，開始有許多新選擇。單一口味的咖啡，可以藉著糖漿的調味，變化成完全個人化的風味。而糖漿多變的色彩，也為咖啡帶來不一樣的視覺感受。

花草類糖漿

花草類糖漿的味道較為清新，常見的有薄荷、香草、玫瑰、薰衣草等。無論添加在咖啡還是茶類，也都能讓飲品的口感更臻清爽。

水果類糖漿

口味眾多，香蕉、椰子、草莓、哈密瓜、柑橘等，這些水果類嘗起來香甜，香氣辨識度高，風味也強烈，足以主宰花式咖啡的主味覺。

堅果類糖漿

榛果、杏仁、可可是常見的堅果類糖漿，飽和的香氣使用在咖啡或奶茶等都非常適合。

其他

如焦糖醬、巧克力醬這類濃稠度高的調味醬，質地較為厚重，使用分量多半不需太多。和糖漿相較之下，它除了調味的功能之外，在花式咖啡中還擔任裝飾的重責大任。

PART 2

花式咖啡的
「微・藝術」

牛奶與咖啡的圓舞曲

美麗的拉花、綿密的奶泡是品嘗咖啡時，視覺與味覺的雙重享受。利用牛奶的變化勾勒出咖啡的各式表情，在香醇的滋味中和你分享它的喜怒哀樂。

奶泡。
咖啡上的閃耀皇冠
給你更多的咖啡層次

簡單素雅的一杯咖啡，因為多了一層奶泡而有了不同的變化，像是皇冠加冕，原來暖暖內含光的咖啡，頓時閃耀動人。奶泡的存在不僅僅增加視覺效果，咖啡在口味與口感上，也都增添了不同的層次感。

一般來說，奶泡分為乾式奶泡與濕式奶泡、熱奶泡與冷奶泡。乾式奶泡是不特別做拉花用途，僅用來調和咖啡、增加口感之用，質地扎實細密。濕式奶泡則適用於拉花，較水的質地讓它方便控制拉花過程中的變化。至於冷、熱奶泡，則是分別使用在冷、熱 2 種不同溫度的飲品上。製作熱奶泡之前，要選擇乳脂肪較高的鮮奶，加熱至 60°C，以打泡器打發、打綿。如果是冷奶泡，就可以省略加熱的動作，直接使用打泡器即可。

製作奶泡所需的器具

工欲善其事，必先利其器。
以下為製作奶泡的基本器具：

❶ 量杯
最好選玻璃製、耐高溫量杯，除了可計量
所需鮮奶使用量，在打熱奶泡時，也可直
接放入微波爐中加熱。

❷ 鋼杯
尖嘴型鋼杯具尖嘴設計，更方
便將打好的奶泡注入咖啡杯
中，是用來進行咖啡拉花
的最佳利器。

❸ 手動打泡器
通常有不鏽鋼和玻
璃兩種，打出的奶
泡較為綿密。

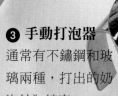

❹ 電動打泡器
使用起來輕鬆省力，缺點
是打出的奶泡較不細緻。

❺ 溫度計
製作熱奶泡時需特別控制鮮奶
的溫度，此種溫度計設計為夾
式，可以固定在容器上。

拉花。推、拉、點
用牛奶練太極

拉花（Latte Art），依英文原意指的是「牛奶的藝術」。也許有人認為拉花只是一種技術，主要是視覺上的表現，但事實上，拉花的第一步驟——融合，就具備了將咖啡與鮮奶完美結合的條件。也因此，拉花除了能為花式咖啡帶來更多的視覺美感，同時也有使咖啡口感更加圓潤的功能。

拉花的技術既多且廣，衍生出的圖案更是難以數計，在這裡，我們僅就「描繪法」和「倒入法」2種方式的基本形來示範。學會基本形之後，對於奶泡的掌握度勢必大增，將會更懂得如何以「推」、「拉」的方式來創造出不一樣的效果。

以初學者來說，描繪法是最容易上手的方式，為了讓最後呈現的效果更加完整，在進行融合步驟後，建議還是讓奶泡在咖啡杯中形成一個圓形圖案，再描繪圖形。此時的奶泡，就可以使用乾式奶泡，形成扎實綿密的表層。

至於倒入法，是將鮮奶直接倒入杯中，配合鋼杯的晃動、咖啡杯的傾斜移動，讓注入的奶泡在杯中成形。也因為這種方式，所使用的奶泡就必須是溼式奶泡，方便掌控拉花的過程。

此種拉花技巧難度較描繪法來得高，多加練習是不二法門，剛開始可以使用寬口咖啡杯來練習，同時盡量將杯子盡可能地傾斜，增加奶泡在杯中形成圖形的空間。隨著注入的奶泡增加，杯子的傾斜度也要逐漸調整回正，就能製造出更豐富的層次。

拉花。達人示範

高揚凱

「拉花藝術的完美演繹」

花式咖啡的豐富性讓許多人著迷,其中非常重要的因素之一,就是拉花藝術的完美演繹。它的演出,不僅豐富了咖啡的表情、展現了牛奶的藝術,也使 barista 登上藝術家之列。我們邀請到曾任世界盃咖啡大師競賽台灣區的資深評審——高揚凱,進行幾款基本的拉花示範。

Profile・高揚凱
現任 Phoenix Coffee & Tea Head Roaster & Barista Trainer
以及神燈咖啡 Chief Barista & Roast Master
台灣首度進軍世界盃咖啡大師競賽之配方豆烘焙者
2007、2010、2012 年世界盃咖啡大師競賽台灣區複、
決賽選手之烘豆師 & 教練
2012 年中國百瑞斯塔競賽總冠軍配方烘焙者

描繪法

對花式咖啡的新手來說，描繪法是
一種較容易上手，又可增加可看度
的技巧。只要利用一些濃稠度較高的
糖漿，如焦糖醬、巧克力醬等，以
擠瓶＋竹籤這種簡單器具，就能
在奶泡上勾勒出千變萬化的圖
案。需特別注意的是，所使用
的竹籤或是尖銳物必須隨時
保持乾淨，最好是每劃過
一道線就擦拭一次，才
能有俐落的線條。

小芽葉

作 法

1. 在濃縮咖啡中注入已打出奶泡的鮮奶，讓咖啡與鮮奶進行融合。

2. 讓咖啡杯中先形成一個圓形圖案為底。

3. 使用擠瓶，用巧克力醬在表面寫上「3」。

4. 取竹籤或其他尖銳物，從「3」的最頂端處隨杯緣弧線往下劃過。

02 一串心

作 法

1. 在濃縮咖啡中注入已打出奶泡的鮮奶，讓咖啡與鮮奶進行融合。
2. 若在注入過程中晃動鋼杯，最後完成的圓形圖案上會有漸層感。
3. 使用擠瓶，先用巧克力醬畫一圓圈。
4. 同樣利用擠瓶，用焦糖醬畫下第二個圓圈。
5. 取竹籤或其尖銳物，由上往下、隨杯緣弧線劃過2個圓圈，即完成。

Barisia's Note:

若想要讓愛心多一點，可以多畫幾個圓圈。裝飾醬的口味，也可隨喜好
或是整體美感而改變。

作 法

1. 濃縮咖啡中注入已打出奶泡的鮮奶，讓咖啡與鮮奶進行融合。

2. 讓咖啡杯中先形成一個圓形圖案為底。

3. 使用擠瓶，先用巧克力醬畫出同心圓。

4. 配合圓形圖案大小，完成3圈的同心圓

5. 取竹籤或其他尖銳物，從最外圈的圓由外往內，在表面上平均劃出6道細線。

6. 在6道細線的間隔處，用竹籤或其他尖銳物，從同心圓的正中心、由內往外，往杯緣處同樣劃出6道細線。

倒入法

是將鮮奶與奶泡以倒入的方式，
再佐以晃動鋼杯的方式來形成
的拉花技巧。這類拉花的好壞評
判標準，在於完成後杯子的最外
圍要有一圈稱為「brown ring」的
crema。同時，拉出的圖形左右要對
稱，顏色對比需分明，是一種較高
難度的技巧。

作 法

1. 將已打出奶泡的鮮奶從濃縮咖啡的中心點處緩緩注入。

2. 約注入至杯子的七分滿,此時杯子盡量傾斜,而中心處已漸漸形成
   一個圓形。

3. 隨著注入的鮮奶越來越多,杯子也需慢慢回正。

4. 注入至滿杯時,提高鋼杯往前拉出中心線、收起奶泡。

02 葉子

作 法

1. 在濃縮咖啡中注入已打出奶泡的鮮奶，讓咖啡與鮮奶進行融合。

2. 鮮奶滿至杯子的六～七分處時，將杯子盡量傾斜，鋼杯停留於杯子的中心點，開始左右晃動鋼杯。

3. 隨著注入的鮮奶增加，杯子傾斜的角度也需慢慢調正，同時鋼杯持續邊晃動邊微微向後移動。

4. 鋼杯持續晃動、後移，讓奶泡層次增加。

5. 持續注入鮮奶，讓鋼杯持續晃動、後移，至靠近杯緣處。

6. 提高鋼杯往前拉出中心線、收起奶泡。

作 法

1. 在濃縮咖啡中注入已打出奶泡的鮮奶，讓咖啡與鮮奶進行融合。

2. 鮮奶至杯子六～七分處時，杯子盡量傾斜，中心處已漸漸成圓形。

3. 第一個圓形出現後，停頓一下再繼續。

4. 杯子略回正，再次於中心處注入鮮奶，拉出第二個圓，再停頓一下。

5. 杯子漸漸回正，同樣還是在中心處注入鮮奶，拉出第三個圓。

6. 以同樣方式拉出4個圓至杯緣，此時已接近滿杯狀態。

7. 提高鋼杯往前拉出中心線。

8. 拉出對稱的中心線後，收起奶泡。

PART 3

探訪咖啡達人
的咖啡館

大師級的私房配方大公開

在咖啡館喝咖啡不稀奇，喝冠軍咖啡師煮的咖啡才夠力！10間別具特色的咖啡館，藏著11位大師級的Barista，現在，就跟著我的腳步一探究竟吧！

咖啡大師
與他們的咖啡館

神燈咖啡

呂長澤
2012 年台北拉花大賽殿軍。現任神燈咖啡 Barista 及烘豆師

4MANO CAFFÉ

侯國全
2008 年世界盃亞洲區的冠軍，2005、2007 年兩屆台灣咖啡大師賽冠軍，2008、2009 年世界盃咖啡大師選拔賽台灣區評審。

4MANO CAFFÉ

張仲侖
2009 年世界盃咖啡大師台灣區選拔賽冠軍；2007 年擔任台灣咖啡大師選拔賽評審。

COFFEE 88

吳柄頡
2012 年世界盃咖啡大師台灣區選拔賽最高分；2013 年台中市咖啡飲品創意大賽專業組冠軍。

GABEE.
FabCafe Tai

林東源
2004 年第一屆台咖啡大師比賽冠軍2006 年世界盃咖啡大師台灣區選拔賽軍。

Jim's Burger & Café

簡嘉程

2011 年世界盃咖啡大師台灣選拔賽冠軍、2012 年世界盃咖啡大師台灣選拔賽亞軍；2010 年世界盃咖啡大師台灣選拔賽第六名、台北創意咖啡大賽冠軍。

Maru Café

侯珍微

2005 年台灣咖啡大師比賽亞軍；Maru Café 的店長兼 Barista。

八葉咖啡

劉家維

2010 年世界盃日本虹吸大賽亞軍；2010 年台灣賽風大賽冠軍；2006 年世界咖啡大師台灣區選拔賽優勝；2008 年亞洲盃咖啡大師比賽季軍；2007 年世界盃咖啡大師台灣區選拔賽第六名。

也門町精選咖啡

黃明志

2010 年 WSC 世界盃虹吸式咖啡大賽台灣選拔賽季軍及最佳熱咖啡獎；2009 年台北創意咖啡大賽亞軍；2010 年台北創意咖啡大賽季軍。

01

神燈咖啡

純粹喝咖啡，平價中的高級享受

神燈咖啡（旗艦店）

新北市新店區寶橋路 235 巷 126 號

(02) 8912-1930

07:30 ～ 18:00（週末公休）

阿拉伯人據悉是最早開始烘焙及飲用咖啡的民族，爾後，才藉由威尼斯商人的經商，將咖啡帶入歐洲，並造成流行的風潮。神燈咖啡的命名，便是期許自我能像阿拉伯人般，在咖啡史上寫下專屬篇章。神燈咖啡的宗旨，是以平實的價格給予消費者最高級的享受，成為最優質的平價咖啡連鎖店。

因此，當你進到神燈咖啡，看到的咖啡價格大約從 45 元起跳，換句話說，一枚 50 元銅板即可在神燈享用一杯咖啡了。可別因此就認為神燈的咖啡不好，事實上，他們所使用的咖啡豆等級，已經足以和高價連鎖咖啡媲美。只是為了降低成本，神燈咖啡門市的所在地點，都不是在非常熱鬧的路段上，反而選擇次級戰區來應變，這也是消費者在鬧區街道上較不容易看到神燈咖啡的主因。

目前神燈咖啡的門市包括位於新北市的新店烘焙展示門市、台北市的建國店、大安店、遼寧店，以及台中市的林新店。位於新店的這家烘焙展示門市，因為同時具備教育訓練中心的功能，因此占地也較其他分店大。較為特殊的是，店內擺設了一台大型烘豆機，透過大面玻璃，顧客雖然無法進入烘豆室內參觀，卻也能看到完整的烘焙過程。

每當烘豆時間一到，陣陣咖啡香氣便隨著時間流逝而逐漸濃厚，而將 12 公斤大容量的烘豆設備展示於店內，也是業界唯一。

神燈咖啡台灣地區門市所使用的咖啡豆，都在這烘焙完成，再運送至各門市。以深原木色為主的室內空間，利用單純的白色來簡化視覺。為保留自助點餐區的動線，吧台邊僅留下少許座位，可以直接觀看 barista 操作的流程；其餘空間則是一般座位，整體空間十分寬敞。

透過大片落地玻璃窗，可以清楚地看見熙來攘往的人潮，仔細想想，自己又何其幸運，能在繁忙的生活中抽出小小的一點空檔，端坐在咖啡館裡啜飲著喜愛的飲料。搭配著原木地板的潔白桌椅，成為絕佳的休憩處。

雖然是以平價咖啡為目標市場，神燈咖啡內卻也是人才濟濟，拿過咖啡比賽獎項的選手也不少。過去代表神燈咖啡參賽的選手，有2010年世界盃咖啡大師台灣選拔賽獲得季軍的吳佩蓉；同年獲得第五名的選手張仁俊，也是來自神燈咖啡。2012年世界盃咖啡大師台灣選拔賽的選手曾建華，代表神燈獲得第五名。現在來到新店烘焙展示門市，最常見到的 barista 是 2012 年台北拉花大賽第四名的呂長澤。具有食品營養專業的他，並未往餐飲方面發展，反而在完成學業後投入咖啡業。

由於好奇心驅使，他決定以參賽選手身分徹底了解什麼是比賽，藉由比賽的過程了解自己的缺點以及需改進的地方。呂長澤的自我要求很高，在準備比賽的期間，他往往自己默默練習，等到有滿意的成果再讓教練評鑑。他認為，比賽的準備過程固然是辛苦，但能得到的遠遠超過於想像，這也是驅動他繼續參賽的動力。

濃縮咖啡 Espresso Solo 內

美式咖啡 Americano

瑪琪雅朵 Espresso Macchiato 內

康寶藍咖啡 Espresso Con Panna 內

維也納咖啡 Vienna Coffee

卡布奇諾 Cappuccino

拿鐵 Coffee Latte

調味拿鐵 Flavored Coffee Latte

（香草/榛果/焦糖/覆盆莓/柑橘）

焦糖瑪琪朵 Caramel Macchiato

摩卡巧克力 Coffee Mocha

MAGICLAMP
COFFEE 神燈咖啡

Arti

$35	雙倍濃縮咖啡 Double Ristritto
$35	重卡布奇諾 Ristritto Cappuccino
$45	重拿鐵 Ristritto Latte
$50	

單品/綜合 Single Origin

$60	
$50	爪哇 Java
$50	黃金曼特寧 Golden Mandheling
$60	摩卡 耶加雪啡 Mocha Yirgacheffe
	有機巴西 Brazil Daterra Sunrise
$65	摩卡爪哇 Mocha Java Blend
$60	黃金曼巴 Mandehling Brazil Blend

◎ 内 限內用

oast

Barista Profile
呂長澤

「比賽的準備過程固然辛苦，
但能得到的遠遠超過想像。」

虹吸式咖啡開啟了他的咖啡之門，讓呂長澤想要更進一步了解咖啡的奧祕，沒有依照自己食品營養的背景成為營養師，他選擇以咖啡做為他未來的目標。在神燈咖啡裡，他有著多重身分，除了是barista，也參與烘焙咖啡豆的工作，為的就是完整了解「咖啡」。

第一次參加台北拉花大賽就進入前四強，讓他對自己更有自信，然而，這只是咖啡「拉花」項目的成績，未來他希望等自己準備充分了之後，再挑戰其他比賽，更精進自己的知識與技術。

Profile · 呂長澤
現任神燈咖啡咖啡師及烘豆師
2012 年台北拉花大賽第四名

|卡布奇諾|

綿密的奶泡覆蓋其上,綴著美麗的紋路。僅僅是鮮奶與濃縮咖啡的結合,
就成了經典的義式風味,歷久彌新。

材料

濃縮咖啡 30cc、鮮奶 120cc

作法

1. 萃取出的濃縮咖啡先倒入咖啡杯中。
2. 鮮奶以奶泡器打出奶泡後,徐徐加入杯內。

Barisia's Note:
標準的卡布奇諾咖啡,最上層的奶泡至少需達1cm厚。

冰拿鐵咖啡

濃醇的奶香漫溢，保留了淡淡咖啡香，感覺鮮奶在口中輕舞飛揚，
為咖啡注入一些新活力，也帶出了幸福的味道。

材料

濃縮咖啡 60cc、鮮奶 200cc、冰塊 10 顆

作法

1. 先將冰塊放入杯中（冰塊的數量可依個人喜好調整），加入鮮奶。
2. 最後加入濃縮咖啡即可。（奶泡可視個人喜好添加）

Barisia's Note：
若想做成不同風味的拿鐵，可於咖啡基底中加入喜歡口味的糖漿。

摩卡巧克力

巧克力的苦甜、濃縮咖啡的甘醇,不同的苦味交織而成的美味關係,
濃郁卻又別具風味,是咖啡館的人氣咖啡飲品。

材 料

濃縮咖啡 30cc、鮮奶 200cc、巧克力醬 15cc

作 法

1. 將巧克力醬倒入杯內。
2. 加入濃縮咖啡。
3. 鮮奶打出奶泡後,倒入杯內。
4. 再以巧克力醬於奶泡上,用描繪法繪出圖案(參考p.49),做為裝飾。

冰淇淋濃縮

香草冰淇淋與濃縮咖啡交融，瞬間轉化為成熟大人味。隨著冰淇淋一點一滴地融化，咖啡層次也漸次改變、融合。

材　料

濃縮咖啡 30cc、香草冰淇淋 2球

作　法

1. 以冰淇淋挖勺挖出香草冰淇淋，放入高腳杯中。
2. 萃取好的濃縮咖啡直接淋在冰淇淋上即完成。

Barisia's Note:
也可依自己喜好搭配不同口味的冰淇淋。

維也納咖啡

冷熱交融之間，如冰山般的奶油花浸入火熱的咖啡海，由杯緣往中心逐漸化開，隨著啜飲時間的改變，滋味也不同了。

材 料
濃縮咖啡 30cc、熱水 100cc、鮮奶油 50g

作 法
1. 濃縮咖啡先置於咖啡杯內。
2. 加入熱水。
3. 鮮奶油放入擠花袋內，從咖啡杯外緣往內繞圓，擠上約五圈半的奶油花。

Barisia's Note:
若使用美式咖啡，則可直接準備130cc的量，不需另外加入熱水稀釋。

02

4MANO CAFFÉ

挑動五感享受的精品級咖啡

4MANO CAFFÉ
台北市中正區忠孝東路二段
134 巷 3 號
(02) 2391-1356
12：00 ～ 22：00

滿溢著義式風情的 4MANO CAFFÉ，連店名也和義大利有著密不可分的關係。4MANO 的店名由 4M 與 MANO 兩字結合而來，在義大利濃縮咖啡中有黃金 4M 原則，在義大利文中分別是：Miscela（配方）、Macinadosatore（磨豆機）、Macchina espresso（義式咖啡機）以及 Mano dell'operatore（操作者），而 Mano，在義大利文中是「手」的意思，也用來指具備專業能力的 espresso 操作者。

黃金 4M 原則加上幾位一起打拚的專業 espresso 操作者── 4MANO 咖啡的名氣從原本台大商圈遠播，先以 CAFFÉ X classic 之名進駐麗晶精品，再而將公館店遷至忠孝新址，打造一個新的夢想咖啡地。推開 4MANO 忠孝店大門，咖啡香撲鼻而來，開放式咖啡台消弭了與顧客之間的距離感，取而代之的，是更讓咖啡饕客們親近的參與感。而最重要的主角「咖啡」，更被 4MANO 定位為精品等級，走向精緻、專業的調性，無論是咖啡豆的選擇、咖啡的整體呈現、輕食的盤飾裝盛，都可以看出其強烈的企圖心。

夢想的起點

― 4MANO CAFFÉ 位於公館時的舊招牌 ―

在義大利　有著血統最純正的ESPRESSO，
他們説：『要作出一杯最好的ESPRESSO，必須重視"4M"的黃金原則。』
MISCELA獨門配方的新鮮咖啡豆‧MACINAZINOE精確研磨的工法程序
MACCHINA高壓的義式咖啡機‧MANO擁有專業技術與獨特手藝的咖啡師
至今，所有優秀的義式咖啡師，無不遵循此4M原則。
當中，我們認為"MANO"最為關鍵，因而再次強調，
在追求專業技術的同時，更別忘了以人為本。

遵循專業，以人為本。4M 加上 MANO
於是，在2009年的冬季，誕生了4MANO CAFFÉ

4MANO · A Dream for Tomorrow

而這也同時表現在空間營造上，
除了一般常見的原木、不鏽鋼建材外，
4MANO 增加了石材磚的設計以強化其專業與堅持的形象。不僅如
此，它也將石材延伸至盛器的使用，更突顯其整體概念。邁向咖啡
精品之路，4MANO 在空間運用上費了不少心思。

室內設置有投影機，便於舉辦講座、分享會；空間中段鑲崁著「A Dream for Tomorrow」slogan 的石材磚牆處，則可以化身為小型舞台。更多元化的用途在這裡演繹著，串連出更多有意思的故事。工作台上成列的吊燈泛著黃色光暈，柔和又溫暖的光線，很有義式咖啡館氛圍。

Barista 侯國全特別強調，全新的 4MANO 要帶給大家的不僅是一杯好喝的咖啡，而是一種包含味覺、聽覺、嗅覺、觸覺、視覺的五感體驗。他希望來到這裡的每個人，不要只顧著埋首於 3C 產品上網、玩遊戲，而是能夠好好品嘗咖啡、欣賞他們精心挑選的音樂、展示的視覺作品，或者和好友們聊聊天、徹底放鬆一下。

每天，當店門一拉起，完成了準備工作之後，barista 們做的第一件事，一定是先製作一杯 espresso，嘗嘗當天咖啡豆的味道。這是維持 4MANO 咖啡品質的習慣，也是對自己的堅持，因為有好的 espresso 為基底，才能以此調製出其他的花式咖啡。在 barista 張仲侖眼中，咖啡所呈現的「立體感」最為重要，讓喝咖啡的人不僅喝到當中的和諧度，還有在口中的豐富性。也因此，他的咖啡作品中多半帶有豐富的層次，相當具有特色。

除了注重咖啡的表現與室內氣氛營造外，4MANO 的團隊陣容更是不容小覷。店內 barista 有 2005、2007 年兩屆台灣咖啡大師賽冠軍、2008 年世界盃亞洲區第一名的侯國全，以及獲得 2009 年台灣咖啡大師冠軍的張仲侖，另外還有 2004 年台灣咖啡大師季軍的高欣怡。

歷經數年磨練，他們已從參賽選手晉身大賽評審、課程講師，嫻熟的手藝更加精進。這些咖啡達人們齊聚，為咖啡界迸發出新的火花。

Barista Profile
侯國全

「將自身咖啡所學傳給愛咖啡者，
等同於延續自己的咖啡生命。」

因為面試時一杯令人印象的咖啡，侯國全進入了咖啡世界，而且深陷其中而無法自拔。靠著一步一步的學習與累積，他在比賽中證明自己一定辦得到。得到 2005、2007 年兩屆台灣咖啡大師賽冠軍，同時也是 2008 年世界盃亞洲區第一名，他在 2008、2009 年轉而擔任台灣咖啡大師賽的評審。

此外，侯國全也經營咖啡教學，將自己一身的好功夫傳授給其他喜愛咖啡的人，另外，則是運用其經營咖啡館的歷練，輔導其他咖啡業者開業，讓自己的咖啡生涯擴展、延續，也更加完整。

Profile ・ 侯國全
現任 4MANO CAFFÉ 咖啡師
2005 年台灣咖啡大師賽冠軍
2007 年世界盃咖啡大師台灣區選拔賽冠軍
2008 年世界盃咖啡大師亞洲區第一名
2008、2009 年世界盃咖啡大師台灣區選拔賽評審
2010 年新加坡 FHA 亞洲盃咖啡大師、最佳創意咖啡雙料冠軍

濃情密意

將新鮮的哈密瓜與咖啡結合,在飲用的同時,享受到哈密瓜的果肉以及與咖啡融合後的水果香甜,濃密的口感盤旋口中,久久不散。

材 料
哈密瓜汁 160cc、白薄荷糖漿 10cc、糖水 20cc
鮮奶 30cc、濃縮咖啡 30cc、冰塊 2顆

作 法
1. 依序將白薄荷糖漿、糖水、鮮奶加入杯中,攪拌均勻。
2. 加入冰塊。
3. 倒入哈密瓜汁,使其形成分層效果。
4. 擠上鮮奶油,放上哈密瓜球裝飾。
5. 飲用前再將濃縮咖啡倒入杯中。

Barisia's Note:
可先分層喝出各層風味後,再整個攪拌均勻飲用。

金色沙丘

將當季水果以冰沙方式呈現，酸甜口感夾帶水果香，搭配咖啡的苦甘，
風味獨特，再淋上些許橘香甜酒，口感更是一絕。

材料

水果冰沙 400g、濃縮咖啡 30cc、橘皮甜酒 5cc
裝飾橙皮 1片

作法

1. 取杯將冰沙挖進杯中。
2. 放入裝飾橙片在冰沙上方並將橘皮甜酒倒入。
3. 飲用前將濃縮咖啡倒入杯中。

Barisia's Note:

水果冰沙：將季節性水果製成果汁，放入冷凍庫中結凍，使用前以湯匙刮取即可。

鴛鴦水滴

帶有炭焙烏梅香氣的水滴咖啡,加上紅茶與奶油酒,味道的層次分明卻不衝突,入口後唇齒留香,餘韻迷人。

材料

紅茶 100cc、冰滴咖啡 100cc、冰塊 3顆
奶油酒 5cc、奶精 10cc

作法

1. 紅茶需先行冰鎮處理。
2. 杯內先放入冰塊。
3. 依序加入冰鎮過的紅茶與冰滴咖啡後,再倒入奶精。
4. 最後,將奶油酒倒入杯中。

咖啡森林

酒釀櫻桃、香草冰淇淋、純可可碎豆與濃縮咖啡齊聚，口感香濃滑順，
讓人忍不住一口接一口。

材料

濃縮咖啡 30cc、香草冰淇淋 2球、酒釀櫻桃 4顆
鮮奶油 適量、巧克力碎豆與可可粉 少許

作法

1. 以挖勺取香草冰淇淋，放置杯內。
2. 依序裝飾鮮奶油、酒釀櫻桃、巧克力碎豆與可可粉。
3. 最後，加入濃縮咖啡即可享用。

Barisia's Note:
這道創意咖啡，既是甜品也是飲品。

Barista Profile
張仲侖

「咖啡的世界裡，熱情就是一切。」

18 歲開始便進入咖啡館工作，至今已有超過十年的咖啡業界經歷。從平價日式咖啡館奠定了他對咖啡專業的基礎，到後來進入義式咖啡的領域，讓他對咖啡有了不一樣的看法。2007 年，他以技術評審的身分首度參與台灣咖啡大師選拔賽。

2009 年 3 月，他從軍中退伍，6 月決定投入台灣咖啡大師選拔賽，以短短 3 個月時間準備，最後得到當屆之冠軍，取得代表台灣參加 2010 年世界盃咖啡大師比賽的資格。2009 年 12 月，張仲侖和其他夥伴一起開了夢想中的咖啡館——4MANO，分享他們對咖啡的熱情。

Profile · 張仲侖
現任 4MANO CAFFÉ 咖啡師
2007 年世界盃咖啡大師台灣區選拔賽評審
2009 年世界盃咖啡大師台灣區選拔賽冠軍
2010 年世界盃咖啡大師比賽台灣區代表

豐年禮讚

一次部落的探訪,造就了咖啡與小米酒的邂逅。同樣象徵著豐收的果實,
共譜出滿足與雀躍的樂章。

材料

濃縮咖啡 60cc、小米酒 50cc、糖水 35cc、檸檬片 2片

作法

1. 將準備好的濃縮咖啡、小米酒、糖水一起置於shake杯中。

2. Shake杯蓋緊上下搖晃均勻,再倒入咖啡杯內。

3. 最後,再以檸檬片進行表層裝飾。

Barisia's Note:
材料中所使用的是屏東縣山地門鄉產的小米酒。

府城沁星

來自台南府城的冬瓜露，讓咖啡添上在地氣息，冰涼的口味直沁人心，
冬瓜露與黑糖特有的濃厚香氣，更瀰漫其間。

材 料
濃縮咖啡 30cc、冬瓜露（濃縮） 30cc、生飲水 60cc
鮮奶 10cc、鮮奶油 10cc、金桔 1顆、黑糖 少許

作 法
1. 取一只事先在冰箱冰鎮過的咖啡杯。
2. 將金桔對半切開，以切面沿著杯口輕抹後，於杯口沾上黑糖。
3. 將濃縮咖啡、冬瓜露、生飲水一起倒入shake杯內搖勻，倒入作法2中所完成
   的咖啡杯內。
4. 先將鮮奶油打至半打發狀態，再加入鮮奶攪拌均勻，一起倒入杯中。
5. 表層撒上少許黑糖粒。

Barisia's Note:
杯口上所沾的黑糖，可選擇顆粒狀，以增加飲用時的口感！

橙香芙蕾

半打發的鮮奶油覆蓋其上，彷彿雲朵般飄浮著，品嘗起來猶如 Soufflè 般
鬆軟細緻，既優雅又甜美，令人回味再三。

材 料
濃縮咖啡 30cc、熱水 90cc、君度橙酒 10cc、香草果露 10cc
鮮奶油 30g、可可粉 少許、新鮮橙皮 少許

作 法
1. 君度橙酒與香草果露均勻混合後倒入杯中。
2. 在杯中注入熱水，同時以湯匙緩和倒熱水的動作，避免破壞杯內液體分層。
3. 沿著杯緣緩緩注入濃縮咖啡，增加視覺層次。
4. 鮮奶油半打發後，倒入杯中，完成最後的分層。
5. 在表面撒上少許可可粉，並刮下些許新鮮橙皮點綴於上。

Barisia's Note:
飲用前需先攪拌均勻。

咖啡提拉米蘇

義式經典甜點遇上同樣出身義大利名門的極品咖啡，迸出滿滿的熱情、
火花，還有如情人般的愛戀滋味。

材料

濃縮咖啡 30cc、Kahlúa酒 10cc、香草果露 10cc

Mascarpone 20g、鮮奶 150cc、可可粉 約2g、檸檬皮 少許

作法

1. 鮮奶加熱後，取鮮奶50cc與Mascarpone融合。
2. 再加入Kahlúa酒和香草果露調勻，一起倒入咖啡杯內。
3. 作法1中未使用完的熱鮮奶100cc用來打成奶泡，先刮掉表面粗泡後再加入
   咖啡杯中。
4. 加入濃縮咖啡。
5. 可可粉過篩、均勻撒上咖啡表層。
6. 最後，刮上少許新鮮檸檬皮即完成。

花開富桂

桂圓醇厚的甜度，混合著桂花釀的清甜，為咖啡增添圓潤感。伴著桂花香氣，陣陣暖意從掌心傳送到心底，溫暖了全身。

材 料

濃縮咖啡 30cc、桂圓醬 20cc、桂花釀 少許

鮮奶 150cc、乾燥桂花 少許

作 法

1. 在咖啡杯內倒入桂圓醬，接著，再加入桂花釀。

2. 將備好的鮮奶打好奶泡，同樣倒入咖啡杯內。

3. 加入煮好的濃縮咖啡。

4. 輕輕撒上乾燥桂花做為表層裝飾。

Barisia's Note：

飲用前先攪拌均勻。另外，可以小湯匙搭配桂圓果肉一起飲用。

03

咖啡沙漠中難得的小綠洲

現烘咖啡專賣店
COFFEE 88

COFFEE 88 現烘咖啡專賣店
台北市文山區木柵路一段 88 號
(02) 2236-6518
11：00 ～ 20：00

		辛亥路六段
木柵路一段		
	Coffee 88	辛亥路七段

陣陣咖啡香氣飄來，我下意識地尋找咖啡香的源頭，心裡也納悶著：這附近什麼時候開了間專業咖啡館？果然，嗅覺引導我來到 COFFEE 88 現烘咖啡專賣店門前，清楚地讓我明白到，文山區不是咖啡沙漠，這裡也有專業級好咖啡！小小的店面很容易讓人錯過，只是一旦踏進來，恐怕會一來再來……

輕輕推開店門，熱情洋溢的店狗「OHYA」馬上拋下口中零食，往我的方向奔來，確實地盡到店狗的責任，令人忍不住發噱。偌大黑板上以粉筆書寫出店內販賣的咖啡品項：義式綜合、義式單品……等，看起來像是飲料外帶店的店面尺寸，居然有許多咖啡選擇。再往兩邊一看，一邊是一罐罐烘焙好的咖啡豆，另一邊則是各式咖啡沖泡的器具，其專業程度可不像外表看起來這樣簡單。

細問之下，赫然發現店家的主人竟是 Jim's Burger & Café 的老闆簡嘉程，原來他除了原本的早餐店之外，又再開了家以 COFFEE 88 為名的現烘咖啡專賣店，延續他對咖啡的熱情。也難怪黑板 menu 上還有比利時啤酒的選項，因為簡嘉程早年還是調酒師呢！

簡嘉程和文山區有很深的地緣關係，因此除了 Jim's Burger & Café 開在景美世新大學校區附近，COFFEE 88 也同樣在文山區落腳，而落腳處的門牌號碼——木柵路一段 88 號，就順理成章地成為店名，不但順口又能把地址也一併記住，可說是一舉兩得。

1 樓主要是櫃台和工作區，因此只有簡單的幾張座位。熟客通常都在這裡落座，在等待咖啡的同時和 barista 話話家常，也汲取萃取咖啡時即刻的芳香。2 樓的空間較大，長型空間裡，接近自然光源處設置了高腳椅，能透過小型陽台從 2 樓觀看窗外風景；另一頭給人

的感覺則十分特別，一張大桌子配上幾盞暖調照明，一度讓我有在家裡用餐的自在感。當大桌子匯集更多客人時，感覺卻又像在辦公室內 brainstorming（腦力激盪）的景象，好像源源不絕的創意和天馬行空的想法全都冒了出來，這是在其他地方從沒有過的感受。

這種直覺並不是沒有道理，2 樓的區域正是簡嘉程專門為了參加咖啡大賽的選手所準備，選手們在這裡有專業的器具、寬敞的空間可以練習，COFFEE 88 為他們提供了最佳資源。2012 年世界盃咖啡大師台灣區選拔賽中獲得最高分的吳柄頡，正是簡嘉程所訓練出來的選手，他也是現在 COFFEE 88 的主力 barista。吳柄頡在 2012 年以最年

輕之姿拿下最高分，他謙虛地說，功勞來自於嘉程老師和團隊。早期在咖啡館打工，讓他與咖啡有了連結，再透過參加咖啡課程獲得更進一步知識，更深入咖啡這個行業，他覺得自己相當幸運。從老師和團隊身上，吳柄頡得到珍貴的比賽經驗、人生體驗，對年輕的他來說有莫大幫助。

他也坦言，基本的練習靠自己，但是前輩的指導更難能可貴；比賽時和其他選手的切磋是競爭，卻也是種學習，這些都將幫助他往咖啡之路更邁進一步。有 2 位冠軍級 barista 駐店的 COFFEE 88 雖然小巧，實力可不容小覷。

Barista Profile
吳柄頡

「願能讓更多人喜歡咖啡，
豐富台灣的咖啡文化。」

才剛剛脫離學生身分不久的吳柄頡，在學校主修的是理工科系，開始接觸咖啡相關工作之後，對咖啡懷抱了更多想像。於是，他藉由參與咖啡課程來充實知識與實力，並因此開始更多咖啡的實務操作。

2012 年他第一次正式參加世界盃咖啡大師台灣區選拔賽，並且獲得全場最高分。緊接著在 2013 年，他又在台中市咖啡飲品創意大賽中，以作品「湖櫻夢」贏得專業組冠軍。透過這些比賽，他奠下扎實的基礎，未來也更希望讓更多人一起喜歡咖啡、品嘗咖啡，讓台灣咖啡文化更加豐富。

Profile · 吳柄頡
現任 COFFEE 88 咖啡師
2012 年世界盃咖啡大師台灣區選拔賽最高分
2013 年台中市咖啡飲品創意大賽專業組冠軍

|OH YA 特調|

牛奶與甜食——店狗 OHYA 的最愛，全都融和在這杯香濃的飲品內。鮮奶與奶泡成了主色調，表面黑糖焦糖與柔軟布丁，像不像 OHYA 身上的斑點？

材 料

雙份濃縮咖啡 60cc、布丁 1個、鮮奶 少許

冰塊 8～10顆、黑糖粉 少許

作 法

1. 將布丁倒入杯內搗碎，加入冰塊後，再將鮮奶慢慢倒入杯中。

2. 加入雙份濃縮咖啡，鮮奶加熱打出奶泡後，將奶泡鋪在杯子最上層。

3. 利用小篩網撒上黑糖粉，以噴槍將表層黑糖略為烤過。

4. 再次撒上黑糖粉，以噴槍將表層黑糖烤至金黃色澤即可。

Barisia's Note：

這裡所使用的奶泡要稍硬些，烤出來的表層才會平整漂亮。

Cherry Bomb

層次分明的深紫色澤，帶著淡淡神秘感。輕啜一口，氣泡在口中自由流竄，在口中引發小小爆炸後，混合櫻桃香氣的咖啡苦味逐漸鮮明，層次感立現。

材料

濃縮咖啡 30cc、櫻桃果醬 30g

冰塊 4～6顆、汽水 100g

作法

1. 將櫻桃醬慢慢倒入杯中，再放入冰塊。
2. 加入準備好的汽水，汽水也可用蘇打水、氣泡式礦泉水取代。
3. 倒入濃縮咖啡即完成。

Barisia's Note：

加入濃縮咖啡時最好沿著冰塊倒入，讓整杯咖啡的分層更為清晰。

草莓康寶藍

傳統康寶藍悄悄地披上粉色外衣，飄出清淡草莓香氣。濃郁的奶油花加上
純然的濃縮咖啡，竟有說不出的協調。原來，咖啡加上水果是這樣的滋味！

材料
濃縮咖啡 30cc、黑糖粉 2茶匙
草莓鮮奶油 適量、檸檬皮末 少許

作法
1. 準備濃縮咖啡杯，黑糖粉先倒入杯內鋪底。
2. 加入濃縮咖啡。
3. 在最上層以草莓鮮奶油擠花，鮮奶油遇熱會融化，因此要掌握擠花速度。
4. 最後撒上檸檬皮末做最後裝飾。

Barisia's Note:
草莓鮮奶油：以植物性鮮奶油100g和帶顆粒的草莓果醬30g一起打發，要打得稍
硬些。草莓果醬也可以其它果醬替代，變化出自己喜愛的口味。

|Infinite|

勃根地酒杯中,正慢慢醞釀著檸檬香,沖入手沖咖啡的一瞬間,輕搖杯身,劃開彼此的界線。然後呢?濃縮咖啡 V.S. 手工咖啡,要你看見咖啡的無限可能!

材 料

濃縮咖啡 30cc、手沖咖啡 30cc、檸檬球冰 1顆

作 法

1. 濃縮咖啡萃取完成後先進行冰鎮。(原配方採用肯亞Gaturiri之單品咖啡)
2. 冰鎮濃縮咖啡的同時,開始手沖咖啡步驟。(原配方採用蒲隆地Kinyovu之單品)
3. 在勃根地酒杯中放入檸檬球冰。
4. 加入手沖咖啡,此時可先搖晃杯身,淺嘗冰手沖咖啡。
5. 再加入冰鎮好的濃縮咖啡。飲用前先輕輕搖晃杯身讓咖啡融合。

Barisia's Note:

檸檬球冰: 水、黃檸檬汁、白砂糖以**10:1:1**的比例調和,再放入球型製冰盒冰凍,即可製成檸檬球冰。

湖櫻夢

湖畔櫻花恣意綻放，香甜的水蜜桃、細膩的龍眼蜜，勾勒出眼前的台中印象，轉換成味覺占據你的味蕾。幾片落櫻撒落其上，在美好的季節裡，就該有杯這樣的好咖啡。

材料

手沖咖啡 200cc、櫻花花茶 40g、冰塊 4～5顆、水蜜桃（切丁）200g、龍眼蜜 30g、櫻花花瓣（裝飾用）5片

作法

1. 完成手沖咖啡，接著進行冰鎮。
2. 冰鎮好的手沖咖啡裡加入櫻花花茶20g。
3. 將龍眼蜜、櫻花花茶20g先放入容器內一起攪拌。完成後加入切丁的水蜜桃，一起倒入果汁機內打成果泥。
4. 杯子內倒入打好的果泥（約30g）後，加入冰塊一起攪拌。
5. 以電動奶泡機發泡作法2之手沖咖啡。
6. 依序將咖啡和咖啡氣泡分別置入杯中，最後以櫻花瓣做裝飾。

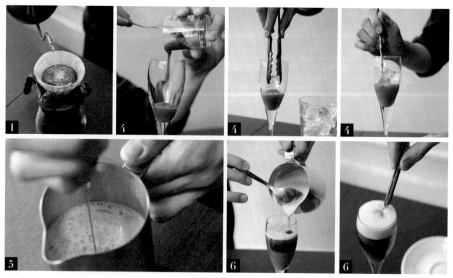

Barisia's Note:
櫻花花茶：櫻花花瓣10g＋熱水300 cc浸泡2～3分鐘，過濾後加入糖10g，即完成。

04

GABEE.

揉合人文　以品牌走出自己的路

GABEE.

台北市松山區民生東路三段

113 巷 21 號

(02) 2713-8772

12:00 ～ 23:00

G ABEE.這家店的名字相當有趣,不是以響亮的方式嘩眾取寵,而是用一種唸過一次就很難忘記的方式,來加深印象。不信的話,試著唸唸看,是不是很像台語發音的「咖啡店」呢?在唸時也請特別注意到最後的那一「.」,不然就不是咖啡「店」囉!

GABEE.在空間上以時尚簡潔的風格為主,從中不難發現它想融入咖啡元素的意圖。帶有線條感的層架,陳列當然是重要的功能之一,但其線條的變化,是隱喻著義式咖啡機的管線。再看看其整體用色,如同烘焙過的濃重咖啡色澤,配合了如鮮奶般柔和的白,咖啡與奶泡的交融,從空間裡也能展現。

而左右牆面用色,也巧妙以相對色來變化。一面以白色為底,讓深

咖啡色成為點綴性色彩；對向的牆面剛好是吧台操作區，以深咖啡色為底來減低凌亂感，再用白色來象徵性地點綴其間，讓人感覺這個空間「活」了起來。

穿過咖啡與白的區域，接下來則會進入一個純白的世界，錯落的球型吊燈高掛，牆面及天花板以弧形設計出柔和感，削弱了空間的銳利，進入這個區域後，馬上讓人想瞬間放鬆。

再往最後端望去，大面積的採光窗引入了外界的自然光源，有別於人工燈光的表現，自然光所呈現的光明感，絕對是其他人工光源所遠遠不及的，同時也增加了視覺的廣度。窗外扶疏的綠葉，襯著室內的純白，傳遞著潔淨又明亮的氣息。

在日本，有許多店面設置了立食區，在 GABEE.，則是
立飲區。這個構想其實與歐洲的做法是不謀而合，歐
洲許多的餐廳或咖啡館，只要坐下來
消費就得另外加收一個「座位費」，
是標準的使用者付費習慣。在台灣，
則要略微改變策略，不增加在座消費
的費用，但給予外帶或立飲者適當的折
扣，這種方式受到很多只想單純喝杯好咖啡就離開的
客人歡迎，也成為 GABEE. 的特色區域。

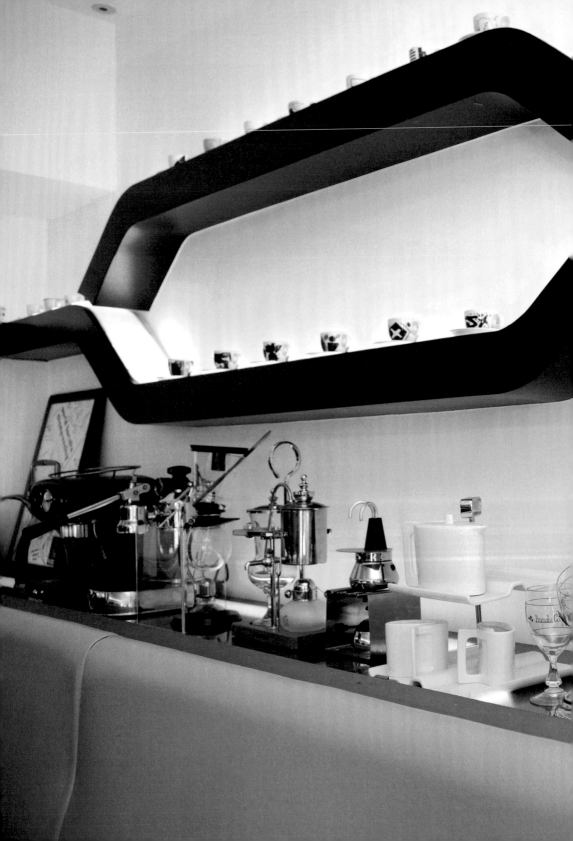

在品啜咖啡的同時，還可看看各式正夯的咖啡器具、展覽訊息，除了飄著咖啡味，這裡還多了些人文味。GABEE.以義式咖啡為主，與其說它是一家咖啡館，用「品牌」來形容 GABEE.應該更加貼切。多年以來，負責人之一的林東源，以 GABEE.的招牌征戰咖啡大師大賽，為店內打響名號。而除了咖啡本業，GABEE.也開始將觸角伸向其他產業、進行更多嘗試，輔導店家進入咖啡業、贊助 TED 創意活動、取得《coffee t&i》雜誌中文版授權……等，GABEE.以品牌的方式往外推展，積極進行更多的跨界合作。

曾在 2004 年拿到台灣區咖啡大師冠軍與 2006 年世界盃咖啡大師台灣選拔賽冠軍的林東源認為，咖啡是種文化，也是門藝術，他不斷研究創意咖啡，同時也出版書籍，都是為了讓更多人認識咖啡、喜愛咖啡。店內幾項招牌創意咖啡，皆是他的得意之作，常有客人反映這幾種每日限量的創意咖啡，晚點來就喝不到了。因此，想喝 GABEE.的創意咖啡，記得早點光臨啊！

場
同
加
映

著重本質的文創咖啡流

FabCafe Taipei

FabCafe Taipei
台北市中正區八德路一段 1 號
（華山 1914 文化創意產業園區 遠流別境）
(02) 3322-4749
11:00 ～ 22:00

營業中

推 開厚實的木門，成列的木椅在牆上排列出波動的線條，
藉由暖色光線的照射，投影在牆上劃出數道光影。襯
著義式咖啡機的萃取聲、大型雷射切割機的陳列，我們究竟
來到了一個什麼樣的空間？

這裡是華山 1914 文化創意產業園區遠流別境內的 FabCafe，
前述的可折疊椅是店內的裝置藝術，但也有其實用性，它兼
具收納和藝術的功能，更賦予空間更彈性的特質。需要撤
掉椅子時，可輕易地將椅子收回牆面上；當店內客人增加
時，拿下一張折疊椅組合即可。而這椅子的來頭也不小，是
Pilot///Wave 兩位設計師 Matthew Burke 和 Kyle Kennedy 的作品，
為這個空間增添更多創意。

看完了牆面上的裝置藝術，該是來一探 FabCafe 究竟的時候了！
2013 年 5 月甫開幕的 FabCafe，其實就是由 GABEE. 的林東源和其他
兩位友人合資的咖啡館，較特別的是，這裡的空間被區隔成吧台、
workshop 和用餐區等 3 部分。吧台和用餐空間不用多做解釋，但
workshop 是什麼用途？

FabCafe 的 Fab 代表 Fabulous（極好）和 Fabrication（製造），workshop
完全可以印證這 2 個特色。鮮黃的雷射切割機佇立在 workshop 中，
以往只能在大型工廠裡看見的機器就這樣融入我們的生活空間
裡，而從 menu、點餐牌等小物上，都可以看見雷射切割的軌跡。
Workshop 也同時販售獨家文創商品，訂製商品在這兒當然也可行，
你想表達的文字、影像、圖形……等，都可以透過這台機器，在紙
張、皮革、壓克力等材質上切割完成，留下雋永的獨特。

至於店內的主角——咖啡，在林東源的職人之手下，自然也不含糊。尤其 FabCafe 所強調的「本質」，我們可自 menu 一窺一二。骰子menu 上除了咖啡品名，同時也列上構成此咖啡的基本元素，也許幾經融合之後，它們已然衍生出新風味，但 FabCafe 仍堅持讓每位消費者清楚了解到這杯咖啡的本質何在。

精品莊園咖啡是另個突顯「本質」的味覺饗宴，以咖啡杯測的方式供應，客人從原豆、咖啡粉、手沖的標準杯測流程，一步步揭開這款咖啡豆的迷人之處，給自己一個品嘗咖啡的新體驗。除此之外，店內也提供了幾款林東源的創意咖啡，以饗來自各地的咖啡饕客！

Barista Profile

林 東 源

「 成 功 的 關 鍵 是 用 心 與 付 出 。 」

求學時間讀的是環境工程，但是熱愛咖啡的他，放棄原本所學，反而花了 7 年的時間在不同的領域持續耕耘，除了咖啡，調酒、餐飲、管理等，他一項也不放過地努力汲取，為的就是能夠徹底了解每個專業，然後在自己開咖啡館的那一天派上用場。

2004 年，GABEE. 正在開幕的繁忙期，抱持著試試的心態參加第一屆台灣咖啡大師比賽就拿下冠軍。2006 年的咖啡大師比賽，則改為台灣區選拔賽，冠軍者可代表台灣前往參加世界盃咖啡大師比賽。於是，林東源再度披掛上陣，拿下了冠軍，也成為 2007 年首位世界咖啡大師比賽台灣區代表。

> **Profile · 林東源**
> 現任 GABEE. 以及 FabCafe Taipei 創辦人兼咖啡師
> 2004 年台灣咖啡大師比賽冠軍
> 2006 年世界盃咖啡大師台灣區選拔賽冠軍
> 2007 年世界盃咖啡大師比賽台灣區代表

紫色碎冰

水果冰沙、新鮮葡萄果肉、沁涼的咖啡，3種不同口感交集，可以是冰品、也可以是飲品，端看你如何享用。

材 料
濃縮咖啡 30cc、糖水 30cc
葡萄汁（市售） 200cc、葡萄 4顆

作 法
1. 葡萄汁倒入容器內，放入冷凍庫中冷凍。
2. 將冷凍後的葡萄汁以湯匙刮成碎冰狀放入杯中。
3. 將葡萄對切後去皮、去籽，留下果肉，置於葡萄碎冰上。
4. 濃縮咖啡萃取完成後，加入冰糖以冰鎮方式冷卻。
5. 將咖啡淋至葡萄碎冰上。

柚香清酒

和風清酒配上清香的葡萄柚，沒有絕對的比例，只要隨著心情任由自己加入材料，每一口都可以是不同的滋味。

材 料

清酒 10cc、奶精 15cc、糖水 20cc、冰塊 少許

濃縮咖啡 60cc、葡萄柚 1/4顆

作 法

1. 葡萄柚切塊、榨汁。
2. 將冰塊倒入裝有葡萄柚汁的杯中。
3. 清酒、奶精、糖水，分別倒入小杯中備用。
4. 裝有葡萄柚汁的玻璃杯以葡萄柚切片裝飾。
5. 萃取好的濃縮咖啡用小鋼杯盛好，和所有的杯子放置於小盤上，隨自己喜好調整成適當的口味。

|羅馬帝國|

大口咬進堆著小糖山的檸檬片，再一口飲入濃烈的咖啡酒，羅馬帝國的磅礴氣勢如萬馬奔騰般在口中激盪。

材料
濃縮咖啡 30cc、Grappa 5cc、檸檬片 1片
甜菜糖 10g、咖啡冰糖 3g

作法
1. 將檸檬切片、去籽。
2. Grappa以盎斯杯裝盛。
3. 萃取好的濃縮咖啡倒入作法2的盎斯杯中。
4. 再將檸檬片放置於盎斯杯上。
5. 將混有紅糖及咖啡冰糖之糖粉，撒在檸檬片上。

|啡你莫薯|

層層的視覺感受、口口的滋味變化。焦糖的微脆、奶泡的綿密，平衡了甜度，
細緻的番薯泥在口中起舞。

材 料
咖啡豆 1顆、冰塊 少許、濃縮咖啡 30cc、番薯 1條
液態鮮奶油 10cc、冰糖 10g、鮮奶 200cc、紅糖（A） 10g
紅糖（B） 少許、固態鮮奶油 少許

作 法
1. 番薯先清洗乾淨，並用鍋子蒸熟。
2. 蒸熟的番薯去皮並切成片狀，保留切碎的番薯與番薯皮備用。
3. 將番薯皮以微波爐加熱烘乾，再剪成細絲狀。
4. 將作法2的番薯碎塊放入果汁機中，並加入液態鮮奶油、鮮奶100cc、冰糖
   與紅糖（A）一起打成泥狀。
5. 打好的番薯泥先倒入杯中至五分滿。
6. 萃取好的咖啡冰鎮後，沿著杯緣倒入杯中形成分層效果。
7. 作法2的番薯片撒上紅糖（B），再以噴火槍噴火烤成焦糖。
8. 在烤好的番薯片中央擠上固態鮮奶油，並放上咖啡豆與番薯皮細絲。
9. 取剩下的鮮奶100cc打出冷奶泡，將冷奶泡舀至杯中，形成第三層分層。最
   後，將作法8中處理好之番薯片放上裝飾即可。

薰衣草天空

一上桌，令人完全放鬆的薰衣草香，隨著空氣的流轉而迅速傳散。
優雅的紫和濃烈咖啡有著強烈對比，卻又意外地協調。

材 料
濃縮咖啡 30cc、薰衣草 20g、冰糖 10g、熱水 150cc
鮮奶 100cc、奶精 20cc、冰塊 少許

作 法
1. 薰衣草與冰糖放入鋼杯中，倒入熱水沖開。
2. 約1分半鐘後將薰衣草茶以冰鎮方式處理。
3. 將薰衣草茶以過濾方式倒入裝有冰塊的杯內，約六分滿。
4. 濃縮咖啡冰鎮後，緩緩注入杯中，形成分層效果。
5. 將奶精沿著杯緣加入，形成另一層的分層效果。
6. 鮮奶打出冷奶泡，放入杯中至滿杯，再用薰衣草做最後裝飾。

05

坐擁愛琴海的咖啡香

Jim's Burger & Café

Jim's Burger & Café
台北市文山區景興路 282 巷 1 號
(02) 2933-5200
06:00 ～ 14:30

藍 頂、白牆、一望無際的海洋，這是多少人夢想的天堂。禁錮在蕞爾小島忙碌的人們，想著要凌空飛翔，飛向一個令人心生嚮往的愛琴海小島——Santorini，在灑落的陽光下，用豐盛的早餐開啟一天。若是，夢想尚待實現，還沒能備好旅費、沒能背起行囊，那先來 Jim's Burger & Café 來份美式早餐、喝杯好咖啡，也能暫時安撫那股蠢蠢欲動的心情。

Jim's Burger & Café 以清朗的藍與白，交織出愛琴海度假風，一盞盞透著溫暖的吊燈，柔和了偏冷的調子。店內拼貼的馬賽克吧台，也傳遞著濃濃的愛琴海度假氣息。來到這裡的顧客，總愛擠到最角落的白牆邊，就著小小的仿窗台優閒地看報品咖啡。不少顧客來到店裡，為的不只是地中海的氣氛，更是得過大獎的濃郁咖啡！或許你會問：

一家早餐店為什麼也會去參加咖啡比賽？這，就要說到老闆簡嘉程不服輸的個性了。常常聽到有人抱怨早餐店的咖啡難喝，Jim's Burger & Café的老闆簡嘉程，忍不住要大聲說：「誰說早餐店沒有好咖啡？」為了替早餐的咖啡平反，簡嘉程不斷透過比賽，讓評審及顧客了解到──魚與熊掌還是可以兼得，在 Jim's Burger & Café，一份豐盛的美式早餐配上一杯物超所值的咖啡，就是美好一天的開始。

在強調創意與台北特色的 2010 年創意台北咖啡大賽中，他以「滿山紅」奪得了冠軍。另外，在義式咖啡年度的最大賽事── 2010 年世界盃咖啡大師台灣選拔賽中，他奪得了第六名，2011 年再下一城贏得冠軍，2012 年則拿到亞軍。他以實際的行動與成果，證明早餐店果然還是有好咖啡。

簡嘉程最早的工作是在美式餐廳裡擔任調酒師，也因為這層因素，讓他後來自行創業開了間夜店。日夜顛倒的工作時間、席間與客人朋友們的搏命拚酒，讓他的身體亮起紅燈，不得不結束夜店生意。經過長時間的出國調養，再度回到台灣的簡嘉程持續思索著要經營一家什麼樣的店，最後，他決定開一家美式早餐店，回歸正常作息的生活。

因為是以早餐店做為主軸，簡嘉程在進行創意發想時，通常會優先想到自己熟悉的早餐食材，無論是番茄、小黃瓜，都被他當作是咖啡的材料。在他的創意咖啡中最令人玩味的，是不同食材調和之後，再轉化成另一種完全沒有出現在材料中的食材風味。

舉例來說，他大發創意地將港式叉燒醬加入咖啡裡，光是聽到這樣的配方，多數人都會嚇一大跳，以為會出現烤叉燒的味道，結果卻令人意外，和咖啡融合後的叉燒醬，居然會轉換成類似巧克力醬的香氣，而且因為微鹹的調味，比起巧克力醬，更有甜而不膩的好口感。而 2010 年創意台北咖啡大賽冠軍作品——滿山紅，材料雖然是番茄、玫瑰與洛神，但初入口時散發的是荔枝香氣，品嘗到中段時還有如紅心芭樂的風味，相當特別。

對於咖啡始終有著執著的簡嘉程，在經營早餐店之餘，也悄悄地開了一家小咖啡店「COFFEE 88」。他笑稱，COFFEE 88 是他的祕密基地，現在，除了 Jim's Burger & Café，他又多了一個可以「玩」咖啡的小小天地。

Barista Profile
簡 嘉 程

**「希望能以一杯咖啡,傳遞熱情、
夢想與正面力量給每個人。」**

從美式餐廳的調酒師開始,簡嘉程和飲品就結下了不解之緣,調製飲料這項工作對他而言,是再熟悉也不過。為了健康,他成為早餐店老闆,又因為不甘於早餐咖啡被輕視,藉由比賽來為早餐咖啡平反,接連拿下 2010 年世界盃咖啡大師台灣選拔賽第六名、2010 年台北創意咖啡大賽冠軍,簡嘉程果真為早餐咖啡爭了一口氣,也向所有人證明了自己。

接著,他拿下 2011 年世界盃咖啡大師台灣選拔賽冠軍、2012 年世界盃咖啡大師台灣選拔賽亞軍。簡嘉程的工作確實反映了他的人生變化,而他的執著又主導了他的決定。

Profile・簡嘉程
現任 Jim's Burger & Café 和 COFFEE 88 老闆兼咖啡師
2010 年台北創意咖啡大賽冠軍
2011 年世界盃咖啡大師台灣選拔賽冠軍
2012 年世界盃咖啡大師台灣區選拔賽亞軍
2013 年世界盃咖啡大師台灣區代表

蛋蜜咖啡

猶如初戀般酸甜滋味的蛋蜜汁，加上了咖啡，讓剛萌芽的愛情多了些苦澀，也更臻成熟。利用奶精包覆咖啡的苦味，讓整體更圓潤。

材 料
濃縮咖啡 30cc、雞蛋 1顆、奶精粉 2匙、檸檬 1顆
糖水 10cc、柳橙汁 250cc

作 法
1. 萃取完成的濃縮咖啡先進行冰鎮。
2. 取雞蛋的蛋黃，加入shake杯中。
3. 加入奶精粉、糖水、少許檸檬汁，再加入冰塊、柳橙汁。
4. 將所有材料一起搖晃，完成後倒入咖啡杯中。
5. 最後加入冰鎮後的濃縮咖啡，飲用前攪拌均勻即可。

Barisia's Note:
若家中沒有奶精粉，也可用2球奶油球取代。

|Summer|

小黃瓜的綠、番茄的紅，就像是綠皮紅肉的大西瓜。一入口有類似西瓜香甜的
口感，最後停留在口中的則是咖啡的餘韻，清爽口感最適合夏天。

材 料

濃縮咖啡 30cc、小黃瓜 3條、番茄 1顆、糖水 150cc

作 法

1. 先將小黃瓜打成果泥並過濾，再將過濾好的小黃瓜汁加入適量的糖水後，
   進行冰鎮。
2. 將番茄打成果泥，同樣也冰鎮備用。
3. 沖煮濃縮咖啡，也先行冰鎮。
4. 冰鎮好的小黃瓜汁以打泡器發泡，取泡沫製作咖啡。
5. 先在咖啡杯內放入一顆冰塊，再依序加入番茄、小黃瓜泡沫、濃縮咖啡。

Barisia's Note:
新鮮的蔬果泥以冰鎮方式處理後，可降低原本蔬果的生味，飲用起來更順口。

薑汁拿鐵

表層的薑糖片下，是飄著濃濃奶香的拿鐵咖啡，因為薑汁，還帶有微微辛辣感，而桂圓及紅棗的甜潤、薑的清香氣息，徹底將寒冬驅離。

材 料

濃縮咖啡 45cc、水 1000cc、桂圓 100g、老薑切片 100g
紅棗 100g、黑糖 50g、鮮奶 300cc、糖粉 50g、薑粉 30g

作 法

1. 將水倒入鍋內加熱，水滾後加桂圓、紅棗，約煮大約5分鐘後，再加入老薑煮10分鐘，最後加入黑糖攪拌至化開即可，煮好後備用。
2. 鮮奶加熱後打發奶泡。
3. 將鮮奶倒入濃縮咖啡中。
4. 薑粉與糖粉按1：4比例調和，過篩撒在製作好的咖啡上。以瓦斯槍烤一下表面即可。

Barisia's Note：
作法1中完成的桂圓紅棗薑茶，可以預先煮好備用，單獨飲用也可祛寒。

|叉燒摩卡|

港式叉燒醬甜中帶鹹的特殊風味，與咖啡交融出如巧克力牛奶般的滋味，
甜而不膩、入口滑順，顛覆了人們對叉燒醬的想像。

材 料
濃縮咖啡 45cc、水 20cc、叉燒醬 20g、鮮奶 300cc
糖水 45cc、可可粉 少許

作 法
1. 先將叉燒醬與開水以1：1的比例稀釋。
2. 稀釋過的叉燒醬加入濃縮咖啡，再加入糖水。
3. 咖啡杯中加入冰塊至1/3，再將作法2調和好的咖啡倒入杯中。
4. 鮮奶加熱打出奶泡後，倒入咖啡杯中。
5. 最後，將可可粉過篩輕撒在表層。

|滿山紅|

番茄、玫瑰、洛神等濃淡有致的紅，在杯內漸次展笑顏。初入口的淡雅荔枝香氣，中段還有如紅心芭樂的風味，最後，則是幽幽的咖啡餘韻。

材料

濃縮咖啡 45cc、番茄 2顆、洛神 20g

熱水 500cc、玫瑰果露 45cc、糖水 100cc

作法

1. 番茄打成果泥，加入適量糖水。

2. 將洛神以熱水沖泡成洛神茶，加玫瑰果露，再將調和好的洛神茶冰鎮。

3. 先在杯中放入冰塊至1/3，再倒入番茄果泥至2/3處。

4. 洛神茶先行以打泡器發泡，再加入杯中至九分滿。

5. 最後加入冰鎮過的濃縮咖啡即可。

06

曼咖啡

輕快浪漫的都會咖啡風情

曼咖啡（瑞光店）

台北市內湖區瑞光路 210 號

(02) 8751-6617

07:00 ～ 21:30

清淡淡的 **Tiffany** 藍，為車水馬龍的街道添了些柔和色彩，小巧的招牌上用英文字母書寫著「**Fammon**」，訴說著法式浪漫，也吸引來往行人慢慢愛上咖啡、慢慢品嘗咖啡——這就是「曼咖啡」。

由於便利商店的平價咖啡大舉進攻咖啡市場，街頭上隨處可見人手一杯的咖啡，而咖啡館裡也經常是高朋滿座，透露了咖啡文化在台灣漸漸風行的氣息。但是，在便利商店的平價咖啡與個性化的精品咖啡館之間，還有沒有另一種品嘗咖啡的選擇？答案是——有的！身為王品集團旗下的曼咖啡，就是以此宗旨而成立。

在咖啡普及化的同時，有更多人想要追求更好的口感、更精品級的享受、更舒適的品嚐空間，卻礙於單價過高而無法進階。曼咖啡以法式情調為主軸，除了提供色彩繽紛、做工繁複的法式甜點，更打造出讓人驚呼的浪漫空間。

以 Tiffany 藍為主色調的店面，用上了色彩飽和的紅色沙發，使整體空間更顯沉穩。牆面上飛舞的蝴蝶群，很自然地創造出空間的律動與流動感，讓氣氛更為鮮活了起來。搭配上牆面線板的巧妙運用，溫柔的浪漫曲線又更添加了幾分。

曼咖啡內湖瑞光店室內大致分為 3 區，較為低矮的沙發區最適合慵懶偷閒，靜靜地看書、聽聽音樂，或是和一起來的朋友聊聊天，就能消磨掉一下午。一般座位區則是論事的好地方，寬敞的桌面方便擺放文件、筆電，談公事也可以不嚴肅！高腳椅區搭配了暖色照明，籠罩著溫馨、歡樂氛圍，最適合朋友聚會，就著一大張桌子談天說地，愜意且自在。

至於主角咖啡，則請到莊宏彰做為駐店達人，莊宏彰在台灣的義式咖啡大賽——2009 年世界盃咖啡大師台灣區選拔賽中獲得亞軍，同時代表台灣參加 2010 年亞洲盃咖啡大師比賽，贏得冠軍！他更是華人中首位獲得義式咖啡國際競賽的冠軍得主，擊敗當時日本、韓國、紐西蘭、澳洲等 13 國。他當時參賽的作品——杜鵑，也榮獲 2010 年亞洲最佳創意咖啡。

然而，早在國際競賽之前，莊宏彰便已於 2008 年的台北創意咖啡賽中，以「101 煙火」取得冠軍，隔年又以「杜鵑」這個作品再度蟬連。雖然在許多比賽中，莊宏彰已經轉任評審，與分享會、咖啡賽事主

持人，他仍舊將許多心力放在創意咖啡的研究上。從豆子的個性到食材的搭配，每項細節他都瞭若指掌，咖啡已然成為他生命的一部分，espresso 對他而言就是—— express your soul。

身為曼咖啡的研發部副理，除了將一身競賽級的吧台技術傳授給店內的 barista 外，他最大任務便是產品的研發。進駐曼咖啡後，他為曼咖啡量身打造的森林紅茶那堤、醇麥威士忌那堤兩款咖啡，都是業界獨一無二的口味，在其他地方絕對喝不到。而這兩款咖啡也超乎他的預期，在消費者間引起廣大迴響，讓許多人成為忠實客戶。莊宏彰跳脫獨立咖啡館思維，在品質與普及之間取得平衡點，用優質咖啡、平實價格擄獲咖啡饕客的心，也促使咖啡價值再提升。

Barista Profile
莊宏彰

「我的 Espresso，就是代表我的靈魂。」

從廚師變換身分成為 barista，曾拿下 2009 年世界盃咖啡大師台灣區選拔賽亞軍、2010 年亞洲盃咖啡大師賽冠軍、2008 年及 2009 年台北創意咖啡冠軍。他還記得自己第一次參加亞洲盃咖啡大師比賽時，必須強迫自己硬背下拗口的英文。甚至因為長時間的練習，還造成背部僵直性肌肉發炎。對於比賽，他認為「贏得對手的尊重，比贏得對手的勝利更讓人珍惜！」

現任曼咖啡研發副理的莊宏彰，雖然減少了在吧台工作的機會，卻多了更多研發咖啡的時間。他選擇進駐連鎖品牌的咖啡，透過人員的培訓、產品的研發，讓優質咖啡確實傳送到每個人的手中。

Profile・莊宏彰
現任王品曼咖啡研發副理
2008 年世界盃咖啡大師台灣區選拔賽季軍
2009 年世界盃咖啡大師台灣區選拔賽亞軍
2008 年、2009 年台北創意咖啡大賽冠軍
2010 年亞洲義式咖啡大賽總冠軍與創意咖啡冠軍

森林紅茶那堤

來自森林的清新氣息，與咖啡緊密相連。入口時是茶葉的甘甜，隨之而來的是茶香繚繞，後段漸漸帶出咖啡的甘醇和鮮奶的圓潤口感，在口中散發出陣陣餘韻。

材料
濃縮咖啡 60cc、紅茶糖漿 15cc、鮮奶 250cc

作法
1. 杯中先放入紅茶糖漿，接著倒入濃縮咖啡。
2. 鮮奶發泡後，刮除較粗糙的奶泡。
3. 將發泡後的鮮奶倒入杯中與咖啡融和，最後再將奶泡鋪上。

Barisia's Note:
建議先放置5分鐘後再飲用，風味最佳。

醇麥威士忌那堤

從糖發酵而來的醇麥香氣,展現出成熟大人味。即使不含有一絲酒精成分,也能
讓人迷醉。從類威士忌的微苦口感轉化成拿鐵的醇厚風味,叫人不愛上也難!

材 料
濃縮咖啡 60cc、鮮奶 250cc
威士忌糖漿(無酒精) 15cc

作 法
1. 杯中先放入威士忌糖漿,接著倒入濃縮咖啡。
2. 鮮奶發泡後,刮除較粗糙的奶泡。
3. 將發泡後的鮮奶倒入杯中與咖啡融和,最後再將奶泡鋪上。

|杜 鵑|

以台北市市花為名，以台北花博為引，用洛神、桃子、濃縮咖啡，來對應
愛情中的酸、甜、苦滋味，是獻給情人的最佳飲品。

材 料

桃子 200g、飲用水 200cc、糖水 50cc

濃縮咖啡 30cc、洛神汁 100cc

作 法

1. 桃子和飲用水、糖水，一起用果汁機打成桃子泥。

2. 取桃子泥40cc放入杯中。

3. 洛神汁發泡後注入至滿。

4. 加入冰鎮過的濃縮咖啡。

|101煙火|

Shake 後的冰咖啡，讓泡沫緩緩下沉降落，猶如煙火灑下的點點火光。
冷泡洛神在杯內造出如霓虹燈般的效果，輝映著煙火光點。

材 料
洛神乾（無糖） 50g、冷飲用水 2000cc
濃縮咖啡 30cc、糖水 30cc、金桔 1顆

作 法
1. 洛神乾和冷飲用水一起冷泡8小時，過濾後備用。
2. 直接將金桔汁擠入shake杯中。
3. 依序再加入冰鎮後的濃縮咖啡、糖水。
4. 將shake杯均勻搖晃，完成後倒入咖啡杯。
5. 注入作法1的無糖洛神至滿杯。

|起士變奏曲|

飽含起士的濃郁、咖啡的香醇、果末的香氣，在口中、鼻息間形成多重變化，
如變奏曲般在旋律、節奏上起了改變……

材 料

Mascarpone 100g、鮮奶 150cc、糖水 30cc
濃縮咖啡 30cc、檸檬&柳橙皮乾 適量

作 法

1. 將Mascarpone、鮮奶50cc與糖水以隔水加熱方式融合成起士醬。
2. 取50cc的起士醬放入杯中。
3. 倒入濃縮咖啡。
4. 剩餘鮮奶加熱打出奶泡，以熱奶泡鋪滿整杯咖啡。
5. 檸檬與柳橙皮乾放入胡椒研磨器中，磨碎撒於咖啡表層。

07

Maru Café

歡迎三五好友齊聚的生活空間

Maru Café
台北市中山區明水路 575 號 B1
(02) 2533-0189
10:00 ～ 20:00

走進大直綺麗館，外頭的喧囂好似被緊緊關在門外，不得其門而入。很多人都不知道大直有這麼一家提倡休閒美學的空間，說是賣場或商場實在太小看它，更正確的說法是「充滿美感的生活空間」，包含了美食、健康、藝文等休閒活動，讓附近貴婦們趨之若鶩的低調所在。

Maru Café 位於大直綺麗館 B1，由於採開放式設計，空間上沒有太多視覺障礙，使得整體面積看起來更為寬敞，心，彷彿也跟著開闊了起來。強調健康、環保的空間裡，Maru Café 採用木質調的空間色彩，原木色桌子搭配嫩綠色座椅，並綴以綠色小盆栽營造出自然綠意。

Maru 唸起來音似「馬路」，而略懂日語的人，大概就能直接聯想起「圓」、「丸」、「真」這幾個涵義。Maru Café 的主人侯珍微熱愛日本文化，maru 是她即為喜愛的一個字，她喜歡圓滿、圓融、真誠，而 maru 的日文涵義便涵蓋了她心中最渴望表達與追求的目標。決定店名並沒有讓侯珍微花上太多時間，真正讓她費心的，則是讓人一眼難忘的 Maru Café logo。第一次見到 Maru Café 的 logo，直覺地會注意到它將拉花藝術完美地鑲崁於上，但經過侯珍微的說明，才真正瞭解其背後涵義。

當你試著將這個 logo 改為直式閱讀，居然可以讀出 3 和 5 這兩個數字，而這兩個數字就是主人要表達出「三五好友齊聚」的意義。侯珍微的苦心沒有白費，剛開始設店時原本擔心會門可羅雀，但漸漸地，附近的熟客越來越多，他們不但稱讚咖啡好喝，也揪著朋友一起來喝，因此 Maru Café 的下午時段可是相當熱門。

侯珍微喜歡日本文化的熱情不只表現在咖啡館的命名上，她還特別從日本引進咖啡相關器具、杯具。玻璃櫥櫃上耀眼奪目的馬克杯、手沖咖啡壺，就是她特別挑選的極品。繽紛的色彩不但是店內最吸睛的焦點，更可和更多人分享她的最愛，客人看見喜歡的器具也能買回家收藏或使用，真是一舉數得。尤其是那些色彩鮮豔的馬克杯，看起來厚實，拿起來卻是十分輕巧，讓人捨不得放下。

多數客人並不知道侯珍微是 2005 年台灣咖啡大師比賽的亞軍選手。高中畢業後，她還抓不清楚未來的方向，在哥哥侯國全、也是台灣咖啡大師比賽兩屆冠軍得主的建議下，她進入咖啡館擔任外場服務。於是，她開始半工半讀，這段期間內，她從沒進入吧台學習，只是專注於她的服務工作、默默看著工作夥伴們調製出一杯杯咖啡。

然而，在一次店內 barista 全
缺席的狀況下，她硬著頭皮上場，
憑著腦中記憶，一一調製出客人所點的咖啡，
這才發現，即使完全沒受過吧台訓練，她平常累積的
知識也足以讓她完成一杯好咖啡。之後，她正式進入吧台工作，
成為一名 barista，在眾人鼓勵下參加 2005 年台灣咖啡大師大賽，贏
得亞軍。現今的侯珍微除了輔導開店課程外，就是全力讓自己的咖
啡館成為越來越多人喜愛的齊聚之所。看著客人們手中捧著一杯好
咖啡，和好友談天說地，就是她最大的滿足。

Barista Profile

侯珍微

**「圓滿、真誠,是對自己的期許,
也是待客之道。」**

曾在幾家知名咖啡館服務過的侯珍微,咖啡生活的啟蒙由高中畢業後開始。因為哥哥侯國全的建議進入咖啡業從外場做起,又因為偶然的機會轉進吧台工作,和咖啡的緣分像是註定好的,在順其自然的狀況下發展著。

2005 年參加台灣咖啡大師比賽時,她白天工作,晚上還得兼顧大學課程,因此在準備比賽期間,並沒有太多休息時間,每天都在工作、讀書與練習間循環著,努力的她,最後得到亞軍的好成績。獨立出來經營 Maru Café,是她對自己的肯定,確定自己已能獨當一面,提供客人最好的產品與服務。

Profile · 侯珍微
現任 Maru Café 店長及咖啡師
2005 年台灣咖啡大師比賽亞軍

番茄咖啡

在咖啡飲品中注入養生健康概念，番茄果香與咖啡合而為一，口感酸中帶甜，
風味清爽宜人，適合任何年齡層飲用。

材 料
濃縮咖啡 30cc、熱水 50cc、糖水 30cc、去皮冷凍牛番茄 1顆
聖女小番茄 2顆、金桔 2顆、黑糖 少許

作 法
1. 取去皮的冷凍牛番茄置於杯中，將1顆聖女小番茄切4片做為裝飾。
2. 鋼杯內放入糖水，直接以此鋼杯裝盛剛萃取出的濃縮咖啡。
3. 鋼杯內再加入熱水，接著倒入裝有牛番茄的杯中。
4. 將1顆金桔對半切開，去籽後直接擠汁於杯內。
5. 剩下的1顆金桔對半切開後，和去皮的聖女小番茄置於小盤上，均勻撒上黑糖。

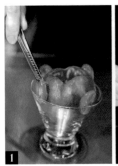

Barisia's Note:
此項飲品屬於長飲型，適合慢慢飲用，感受不同的層次感。請先嘗過撒了黑糖的
聖女小番茄，再接著飲用咖啡。

薰衣草森林咖啡

穿過透明杯身，是浪漫幽靜的紫與深沉穩重的咖啡堆棧著，清新的薰衣草和濃厚的 espresso 會形成什麼樣的化學變化？不必費心想，親自嘗一口便能知道。

材 料
薰衣草 10g、熱水 200cc、冰糖 10g、薰衣草糖漿 10cc
濃縮咖啡 30cc、奶精 10cc、鮮奶 50cc

作 法
1. 薰衣草和冰糖一起沖入熱水，停留1分鐘後略微攪拌，再冰鎮成薰衣草茶。
2. 將薰衣草糖漿倒入咖啡杯，再將冰鎮完成的薰衣草茶過濾倒入。
3. 加入冰鎮後的濃縮咖啡，做出層次，同時將鮮奶以手動發泡器打出冷奶泡。
4. 沿著杯口以奶精畫上一圈，並將冷奶泡鋪蓋在最上層。
5. 撒上少許薰衣草做最後裝飾。

橘子紅了

淡淡的橙酒香在口中流竄，還能隱隱嗅出新鮮橙皮香，茶、酒、咖啡三者之間的混搭，mix & match 的時尚名詞在這杯咖啡裡具體展露、確實傳達。

材料
大吉嶺紅茶 4g、冰糖 10g、熱水 250cc、濃縮咖啡 60cc、君度橙酒 15cc、糖水 15cc、奶精 10cc、冰塊 4顆、鮮奶油 2g、柳橙皮末少許

作法
1. 大吉嶺茶和冰糖一起以熱水沖泡約3分鐘，略攪拌後再進行冰鎮。
2. 將萃取好的濃縮咖啡進行冰鎮。
3. 君度橙酒和糖水拌勻，取一冰杯放入冰塊，再倒入前述的君度橙酒糖水。
4. 加入過濾後的大吉嶺茶，接著加入濃縮咖啡。
5. 奶精沿著杯緣畫上一圈。
6. 以鮮奶油在最上層擠花，並用柳橙皮末撒在頂端做為裝飾。

08

八葉咖啡

堅持鮮、甘、醇的僻巷咖啡館

八葉咖啡

台北市內湖區內湖路二段 462-1 號

(02) 2795-2908

12:00 ～ 21:00（週二公休）

看著信箱上的門牌號碼、抓著手上簡潔的地圖，明明感覺就在眼前，咖啡的香氣也像是近在咫尺，卻怎麼也找不到入口處——這應該是許多首次來到八葉咖啡的咖啡饕客，對它的第一印象吧！順著信箱上的指示，彷彿尋寶般地繞往建築物旁的人行小徑，這才發現了它，一個在喧囂都市中鬧中取靜的閒適空間。

走過小橋、流水，推開門扉後，挑高的空間給人一種自在的舒適感，位於中央的寬敞走道，靜靜地區隔出兩邊座位。保持著恰到好處的座位距離，讓每位來這裡的顧客，都能在這段短短的咖啡時光裡，擁有不被干擾的權利。牆上一圈圈的同心圓裝飾，對應著球形吊燈，圓圓滿滿的氣氛迴盪在八葉咖啡裡。配合著暖黃光線，大地色調充滿整個空間，另一面牆則貼著保有原石紋理、色澤的壁磚，有種未經琢磨的自然美感，同樣也使空間調性更加一致。減少人工刻意的精美，反倒使得八葉咖啡更貼近人心，沒有距離感。

八葉咖啡嚴選精品莊園之生豆，透過自家的專業烘焙，以及熟稔的沖泡法，提供給顧客最完美的咖啡。除了各地精選莊園的咖啡豆外，店裡也販售如牙買加藍山、雄獅精選等特殊精品咖啡，以及來自全球其他產區的精品綜合咖啡豆，讓喜愛品嘗不同產區咖啡的客人有更多選擇。若在現場來杯花式咖啡，還能在品嘗之餘也順便欣賞barista巧妙的拉花藝術，宛如一場視覺味覺兼具的饗宴。

除了引以為傲的精品咖啡，八葉咖啡的另項特殊之處，就是在入口處有個全透明的西點烘焙區。這個區塊主要提供如：吐司麵包，以及手工餅乾等輕食，有別於一般咖啡館直接使用供應商供給的現成品，八葉咖啡堅持現場製作，讓顧客品嘗到最新鮮的三明治與手工餅乾，而這些商品果然也得到顧客的好評。

參加過國內外各項咖啡賽事的劉家維，最早就是在八葉咖啡，認識了自己的啟蒙老師，也在這裡學得扎實的基礎。身為一位專業咖啡達人，當然期待從比賽中學習到更多，於是這幾年征戰下來，他也拿下許多賽事的名次：2006年台灣咖啡大師比賽榮獲優勝獎、2007年台灣咖啡大師比賽榮獲第六名暨最優Espresso獎、2008年亞洲盃咖啡大師比賽季軍、2010年台灣賽風大賽冠軍、2010年世界盃日本虹吸大賽亞軍……。

為了拓展在咖啡界的視野，劉家維選擇轉換一下身分，他進入咖啡設備公司，從另一個領域深入咖啡產業。另外，他也到學校、社區大學等不同的單位授課，接觸來自不同領域的人，同時以自己的專業，協助他們更進入咖啡的世界。但他不曾有一刻忘記自己是個barista，所以，如果對他在本書中示範的咖啡品項感興趣，都可以與八葉咖啡預約，在事先準備下，再展他barista的專業身手。

Barista Profile

劉家維

「在咖啡的世界裡，就是要大膽懷疑，小心求證。」

原本念機械工程的劉家維，因為對咖啡的喜愛，選擇當個異鄉遊子，來到台北、進入咖啡界工作。在八葉咖啡工作的這段時間，是他咖啡的啟蒙與基礎，也讓他一路拿到 2006 年世界咖啡大師台灣區選拔賽優勝、2007 年世界盃咖啡大師台灣區選拔賽第六名、2008 年亞洲盃咖啡大師比賽季軍、2010 年台灣賽風大賽冠軍，同時代表台灣參加 2010 年世界盃日本虹吸大賽，並榮獲亞軍。

不斷地在咖啡領域中耕耘、轉換，他除了是 barista，還是講師、咖啡設備商，並於 2012 年出版《咖啡聖經》一書，他的咖啡之路更寬、也更廣了。

Profile · 劉家維
現為專業咖啡師、講師、咖啡設備商
2006 年世界盃咖啡大師台灣區選拔賽優勝
2008 年亞洲盃咖啡大師比賽季軍與最佳 Espresso 獎
2010 年台灣賽風大賽冠軍
2010 年世界盃虹吸式咖啡大賽亞軍

|童 年|

隨手摘下野生桑葚入口、垂涎路邊阿伯揮汗現製的爆米香，種種屬於童年回憶的片段，隨著這杯咖啡再度重回腦海、喚醒記憶。

材 料
濃縮咖啡 30cc、爆米香 1塊、砂糖 5g、奶油 3g、麥芽糖 5g、桑葚汁 20cc

作 法
1. 砂糖、奶油、桑葚汁加入鍋中，加熱煮至濃稠。
2. 將作法1完成的糖漿加入杯中。
3. 爆米香與麥芽糖一同加入熱牛奶中浸泡5分鐘，再以篩網過濾。
4. 將作法3的牛奶發泡成米香奶泡，鋪在杯內的糖漿上。
5. 注入濃縮咖啡，攪拌均勻後即可飲用。

Barisia's Note:
推薦使用葉門摩卡Ismaili加上尼加拉瓜安晶莊園蜜處理咖啡，更能顯其風味。

芋香咖啡

濃濃的芋香和椰子是最好的搭檔，烤到表層酥脆的芋頭碎粒使咖啡別具風味與口感，
讓台灣味十足的芋頭，有了西式風情。

材料
濃縮咖啡 30cc、新鮮大甲芋頭 50g、愛爾蘭糖漿 5cc
白巧克力糖漿 5cc、椰子糖漿 5cc、鮮奶 30cc、鮮奶油 適量

作法
1. 芋頭切絲，放入水中煮軟。
2. 愛爾蘭糖漿、白巧克力糖漿、椰子糖漿、鮮奶與作法1的芋頭絲放入冰沙機中打勻，製成芋泥醬。
3. 將芋泥醬120g加入鮮奶油發泡成香芋慕斯備用。
4. 將剩餘的芋泥醬與咖啡混合，放至杯子底部。
5. 香芋慕斯裝入氮氣奶油槍中，以奶油槍在杯中擠出芋頭慕斯。
6. 撒上乾燥過的檸檬皮屑與烤過的芋頭碎粒。

Barisia's Note:
芋頭碎粒：先將芋頭切丁，在鍋內融化砂糖製成糖漿，再將芋頭丁裹上糖漿、以烤箱烤過。

乾燥檸檬皮：檸檬刮下表層外皮後風乾，裝入胡椒研磨器中，使用時只需轉動研磨器即可。

糖裹巧克力橘子

薄脆的糖衣緊緊包裹住下層的可可粉，混著柑橘調的香氣，就像法式小點心 Orangettes（糖漬柑橘巧克力）般，小巧又令人愛不釋口。

材料

濃縮咖啡 30cc、柳橙糖漿 15cc、鮮奶 150cc、細砂糖 5g

無糖可可粉 5g、柳橙（裝飾用）1片、柳橙皮 少許

作法

1. 咖啡杯裡先放入柳橙糖漿。
2. 鮮奶加熱後打成奶泡，鋪於杯內。
3. 注入濃縮咖啡。
4. 依序撒上無糖可可粉、柳橙皮、細砂糖，並將柳橙切片置於杯緣。
5. 再以瓦斯噴槍將表面砂糖烤至焦糖化。

Barisia's Note：
建議使用深焙義式綜合咖啡豆。柳橙片也可於最後再放上做裝飾。

┃人生的滋味┃

思鄉情愁的酸、成就喜悅的甜、奮鬥過程的苦、失敗挫折的辣,一個異鄉遊子
在咖啡界打拚的人生滋味,盡在不言中。

材 料

濃縮咖啡 30cc、金桔 1/2顆、細砂糖 10g、薑泥 5g

作 法

1. 將砂糖加入鍋中以小火煮成褐色後,加入金桔汁。
2. 杯中加入小量薑泥。
3. 倒入作法1中完成的金桔糖漿。
4. 加入濃縮咖啡。

09

也門町 精選咖啡

電影街・咖啡香・台北味

也門町 精選咖啡

台北市萬華區康定路 19 號

(02) 2361-6138

12:00 ～ 19:00（週二～週五）；

武昌街二段

康定路

武昌街二段
120巷

也門町

在繁華的西門町邊緣，避開了喧擾的商業區，有一座電影主題公園，呼應著西門町商圈裡眾多的電影院。也門町精選咖啡的位置，就坐落在這座公園旁，和其他市區內的咖啡館相較之下，也門町得天獨厚地分享到寬敞的腹地，同時也結合當地活動，自成一小小文藝區域。

也門町精選咖啡名字的由來，是西方咖啡文化與台北在地的結合，最初開啟咖啡貿易的是葉門摩卡港，而也門町精選咖啡的位置在西門町，於是，將葉門的古名「也門」的古名與西門町結合後，取了諧音的「也門町」，代表了文化上的融合。

除此之外，對照其他咖啡館西化的裝潢，也門町精選咖啡由於所在位置特殊，因此外觀仍維持了舊式建築的樣貌。東方外表的建築裡，蘊含的卻是道地的西方飲品，也難怪在也門町品嘗咖啡時，總讓人有時空與地域交錯的幻覺。

進入也門町精選咖啡的大門，牆上的壁畫馬上就成了目光焦點。柔美的女性意象畫，像是咖啡精靈降臨，隱約還勾勒出咖啡豆的原形。店內提供的飲水也相當特別，使用的是各色水晶的飲用水：綠幽靈可以求財、紫水晶安神、粉晶增進人緣、黃水晶增強生命力、白水晶補充能量。或是，你也可以貪心一點，選擇綜合水晶的飲用水，一次吸取所有好運與能量。

也門町精選咖啡不僅僅是一家咖啡館，還是個咖啡生態園區。來到這裡，你可以親自看看來自台灣各地不同的咖啡樹、日據時代的老咖啡樹、變種咖啡樹，還有曾在 921 大地震後倒下的咖啡樹，移植到這裡後重新往上生長，展現出強韌的生命力。

如果客人有興趣想了解咖啡樹，只要人手充足，也門町精選咖啡都有具備專業知識的達人可以在旁解說，讓民眾更了解台灣咖啡文化。

有了這樣優異的條件，也門町精選咖啡也著手進行咖啡生態體驗營。不管是大朋友還是小朋友，都可以藉由體驗營來認識咖啡、了解咖啡。實際從咖啡樹的生長開始，看它們歷經成長、開花、結果，然後親手採摘、日曬、烘焙，最後成為手上的一杯咖啡。完整且詳實的體驗，不免讓人驚嘆，小小的咖啡豆裡，還真是有大大的學問。

事實上，也門町精選咖啡在台灣咖啡上的專注力，也是來自上一代的傳承。第一代雖然沒有經營咖啡館，但已經從事咖啡業，當時的各項技術都十分封閉，顯少有交流的機會。目前第二代所面臨的咖啡產業，則是開放、自由的，大家從各方吸取到更多新的知識與技術，讓咖啡業可以更上層樓。

從第二代開始，也門町精選咖啡的咖啡達人已經開始在台北市參加各項比賽，尤其是台北精品咖啡節的台北創意咖啡大賽，常可見到也門町精選咖啡的選手參賽。

2010 年，年僅 14 歲的也門町精選咖啡第三代黃品臻，以「花 young 年華」為主題初試啼音，即拿下當年的第四名，也象徵也門町精選咖啡對咖啡的傳承。第二代的達人黃明志，則身兼也門町精選咖啡的 barista 與烘焙師，店內至今仍保留一台人工烘豆機，有時就在店內直接烘起豆來。

下次來到西門町，除了逛街、看電影之外，別忘了順道品味咖啡香！

Barista Profile
黃明志

「用不同的角度看咖啡，
會得到更多收穫。」

曾任嗜啡館的 barista，在家族的耳濡目染下，與咖啡結下不解之緣，
目前為也門町烘豆師兼 barista。曾經參與多項比賽，獲得 2009 年台
北創意咖啡大賽第二名、2010 年台北創意咖啡大賽第三名、2010
年 WSC 世界盃虹吸式咖啡大賽台灣選拔賽第三名及最佳熱咖啡獎。

除了參與比賽，他也在其他賽事中擔任評審，包括 2010 年最佳巴拿
馬台灣區杯測評審、2010 年台北咖啡節優質咖啡館評審，讓自己從
不同的角度看咖啡產業。平時也致力於協助改善台灣咖啡農的生產
條件，同時研發咖啡豆的附加價值，讓咖啡農可以從其他衍生品中
開發相關商品。

Profile · 黃明志
現任也門町精選咖啡咖啡師
2009 年台北創意咖啡大賽第二名
2010 年台北創意咖啡大賽第三名
2010 年世界盃虹吸大賽台灣區選拔賽第三名與最佳熱咖啡獎
2010 年最佳巴拿馬台灣區杯測評審、台北咖啡節優質咖啡館評審

|香戀台北咖啡|

將西方咖啡和東方茶融合，有著西方的外在，內心卻是東方的靈魂，同時具有茶的甘醇和咖啡的濃烈。

材 料
咖啡粉 12g、乾燥桂花 2g、木柵鐵觀音 15g、熱水 250cc

作 法
1. 將木柵鐵觀音茶葉加入熱水沖泡1分鐘。
2. 將茶湯倒入虹吸式咖啡壺的下壺，取代熱水煮咖啡。
3. 煮的過程中，熄火前10秒將乾燥桂花倒入上座攪拌後熄火。
4. 將咖啡倒入杯內即完成。

Barisia's Note:
桂花煮太久會出現苦味，味道也會太過濃郁，因此要掌控好時間。

|啡嚐台北|

清爽的洛神花與濃郁的桂花釀，有種微妙的平衡，層次分明的口感，
帶你一步步品味台北街頭的獨特氣息。

材 料
精選特調咖啡 50cc、桂花釀 10cc
洛神花汁 30cc、鮮奶 100cc

作 法
1. 煮好的咖啡先進行冰鎮。
2. 準備高腳杯，先倒入桂花釀再加入冰塊。
3. 倒入冰鎮過的洛神花汁。
4. 再倒入冰鎮過的咖啡。
5. 鮮奶打出冷奶泡，倒入杯中。

Barisia's Note:
洛神花汁：將洛神花10朵加入熱水300cc煮3分鐘，即可完成。

｜鍾愛一生｜

極富熱帶風味的百香果，有著微酸滋味；厚實的桂圓乾，則是濃厚的香甜。
夢幻的酸甜口感，一喝就愛上。

材 料

精選特調咖啡 12cc、百香果原汁 20cc

桂圓乾 80g、熱水 200cc

作 法

1. 將百香果原汁與桂圓乾以熱水烹煮3分鐘，完成後過濾備用。

2. 以虹吸式萃取出咖啡。

3. 取作法1的百香桂圓汁40cc倒入杯中。

4. 加入咖啡，即完成。

|花young年華|

如初開的花朵般嬌豔，卻仍帶有青春的青澀。充滿著淡雅花香，飄散著的是花樣的青春年華。

材 料
精選特調咖啡 50cc、果粒茶 8g、乾燥玫瑰花 8g
洛神花蜜 15g、玫瑰果露 15cc、水 300cc

作 法
1. 果粒茶、乾燥玫瑰花、洛神花蜜加入水烹煮3分鐘，煮完後過濾、冰鎮備用。
2. 將煮好的熱咖啡先行冰鎮。
3. 取高腳杯，加入適當冰塊，加入玫瑰果露15cc。
4. 倒入30cc冰鎮好的作法1。
5. 最後，倒入冰鎮好的咖啡。

|冰 釀|

調酒界裡的深水炸彈，在咖啡世界裡同樣震撼。看著氣泡緩緩爆發、上升，
耳邊還有吱吱聲響。原來，咖啡也可以這麼有趣！

材 料
冰滴咖啡 30cc、海尼根 300cc、冰塊 少許

作 法
1. 將冰滴咖啡倒入30cc的盎司杯。
2. 海尼根倒入啤酒杯中。
3. 飲用前，將冰滴咖啡投入海尼根杯內。

※ 飲酒過量有害身體健康。

10

充滿時尚況味的低調小店

The Lobby
of Simple Kaffa

The Lobby of Simple Kaffa

台北市大安區敦化南路一段 177 巷 48 號 B1

(02) 8771-1127

12:30 ～ 21:30（週日～四）

12:30 ～ 22:00（週五、六）

The Lobby
of
Simple Kaffa

- 義式咖啡 espresso
- 莊園級手沖咖啡 dripping coffee
- 列日鬆餅·手工蛋糕·三明治
  Waffle·cake·sandwich
- 咖啡豆零售 coffee beans

小小的黑板上手寫了幾行品項，再以木質曬衣夾亮出店內販售的咖啡與輕食，若不仔細看，其實很容易忽略這是家咖啡館的招牌，更不會注意到黑板上書寫著「The Lobby of Simple Kaffa」的店名。

沒錯！The Lobby of Simple Kaffa 就是這樣一家低調的小店，藏身在 Hotel V 裡，更可說是低調再低調。Hotel V 是東區巷弄間的男裝品牌潮店，以旅行為設計概念，將購物商場打造成精品旅館，形成其獨樹一幟的風格。既是以「旅館」方式來規畫，自然就有櫃台、迴廊、客房等空間配置，這樣，也不難猜出 The Lobby of Simple Kaffa 在 Hotel V 的定位吧！

與購物商場一致的裝潢風格，同樣出自日本室內設計團隊之手，充滿著歐式風情的氛圍，幾乎讓人忘了自己正在繁華的東區。由於位在服裝潮店內，The Lobby of Simple Kaffa 自然多了幾分時尚況味。當我們從外看向咖啡館內部，彷彿正在瀏覽著櫥窗，欣賞裡面的一景一物。當置身咖啡館內，看見的風景又不太一樣了！透過櫥窗看著熙來攘往的人群，自己竟也不知不覺成了櫥窗內的一景，這種感覺既新鮮又奇妙。

店內的座位數不多，可以選擇的區域卻不少。你可以在一般座位區慵懶地和朋友聊天喝咖啡；也可以在吧台高腳椅區落腳，看咖啡師如何表現手藝；紅色長廊末端則有張獨立桌子，讓時尚大師卡爾拉格斐（Karl Lagerfeld）陪你度過一下午。遇上客滿情況時，更有客人直接挑上櫥窗內的雅座，當起了活櫥窗 model，這麼特殊的咖啡體驗，相信在別的地方也很難有機會碰上。

The Lobby of Simple Kaffa 的主人吳則霖，從大學時代就開始從事咖啡相關工作，雖然學生的本業是念書，卻時常在假日開始他的「行動咖啡車」事業。更有趣的是，這台行動咖啡車還是跌破眾人眼鏡的「三輪車」，簡單的沖煮器具就這麼打包在三輪車上，在河濱、風景區內販售他引以為豪的咖啡。

進入職場之後，他的正職是科技業工程師，完全符合他在校所學，不過他仍然未曾忘懷他的咖啡夢，繼續以行動咖啡車充實他的每個假日。決定參加咖啡大賽，其實是一種督促自己的方式，吳則霖認為，咖啡大師的比賽項目絕大部分在於基本功，即使是比賽在即，他也沒有特別加強練習，而是把平常製作咖啡的步驟，都當成比賽來看待。

比賽中需注意的每個環節，事實上也都是平常就不可忽略之處，他要求自己要扎扎實實完成每個步驟，因此他製作的每杯咖啡，都是在為比賽做準備，也在奠定自己的基礎。

2010 年他在台北咖啡節精品創意咖啡大賽的亞軍作品——波斯菊，是他過去踩著三輪車賣咖啡的美好回憶，假日河堤邊遍地的波斯菊，在清風吹拂下搖曳出一片粉紅花海。他用創意咖啡記錄下那一刻的美麗，也提醒自己要不斷做出更好的咖啡，分享給更多咖啡同好。

Barista Profile

吳則霖

「無論是行動咖啡車或咖啡館，
做出的每杯咖啡都表達了對咖啡的愛。」

以行動咖啡車開啟咖啡生涯，雖只是一輛三輪車，但已能看出他對咖啡事業的執著，即便是最簡單的工具，仍堅持做出一杯好咖啡。頂著工程師的頭銜參加比賽，一次次拚出好成績，這份勝利不是偶然，而是他辛勤累積的成果。

2010 年台北咖啡節精品創意咖啡大賽中以作品「波斯菊」獲得亞軍，隔年挑戰義式咖啡大賽，獲得 2011 年世界盃咖啡大師台灣區選拔賽第六名，2012 年再度參賽，拿到第三名，2013 年參加了世界盃拉花大賽台灣區選拔賽更獲得了亞軍的好成績。而他的咖啡版圖也從行動咖啡車轉換至咖啡館，延續他對咖啡不變的熱情。

Profile · 吳則霖
現任 The Lobby of Simple Kaffa 咖啡師兼店長
2010 年台北咖啡節精品創意咖啡大賽亞軍
2011 年世界盃咖啡大師台灣區選拔賽第六名
2012 年世界盃咖啡大師台灣區選拔賽第三名
2013 年世界盃拉花大賽台灣區選拔賽亞軍

|波斯菊|

洛神花茶的淡粉色彩，猶如盛開的波斯花海鋪陳在最頂端。這是來自三輪咖啡車的美好記憶，伴隨著桂花香氣縈繞在心中，久久揮之不去。

材 料

濃縮咖啡 30cc、蘋果冰沙 60cc

桂花釀果凍 5g、洛神花茶 60cc

作 法

1. 杯內放入蘋果冰沙約至杯子五到六分滿。
2. 依序加入桂花釀果凍、濃縮咖啡。
3. 洛神花茶發泡後加入杯內即完成。

Barisia's Note:

桂花釀果凍：將熱水10cc＋桂花釀30cc＋吉利丁粉2.5g一起煮滾後放涼即可。

▌啤兒咖啡▐

咖啡也能創造一片啤酒海！根據咖啡豆烘焙程度，還能分別創造出不同口感，
豪邁地大喝一口吧，不必擔心酒測，等著你的只有一陣爽快的沁涼！

材 料
手沖咖啡 300cc、冰塊 2顆
二氧化碳氣彈 1顆、蘇打水瓶

作 法
1. 手沖咖啡，隔水冰鎮成冰咖啡後，倒入蘇打水瓶。
2. 使用二氧化碳氣彈在蘇打水瓶灌入二氧化碳，略微搖晃瓶身製造出氣泡
   與泡沫。
3. 杯內放入冰塊（也可直接使用冰杯），再從蘇打水瓶中將咖啡注入杯中
   即可。

Barisia's Note:
不同烘焙度的咖啡豆，會讓啤兒咖啡產生不同的特殊味覺，深焙豆和淺焙豆可
分別創造出近似黑啤酒與白啤酒的口感。

|Circle|

深焙濃縮咖啡 v.s. 淺焙啤兒咖啡，依序感受淺烘焙帶出的獨特香氣、深烘焙的滑順與甜感，然後再回到淺烘焙的酸香，形成獨特的循環味覺體驗

材 料

濃縮咖啡（深焙豆）30cc

啤兒咖啡（淺焙豆）20cc、蜂蜜 1.5g

作 法

1. 濃縮咖啡加入蜂蜜一起攪拌均勻，接著冰鎮。
2. 冰鎮後的濃縮咖啡放入杯內。
3. 加入啤兒咖啡（作法請參照p.246）。

Barisia's Note:

建議使用窄長型杯子，使咖啡層次分明，並且以3口喝盡，感受不同烘焙豆帶來的獨特味覺循環。

大丈夫

日語的大丈夫，代表沒問題，加入機能飲料的這杯咖啡，比一般咖啡更能振奮人心，也讓任何事情能迎刃而解。你累了嗎？來杯「大丈夫」吧！

材 料
濃縮咖啡 60cc、機能性飲料 50 cc、氣泡水 30cc
檸檬角 2塊、糖水 15cc、碎冰 適量

作 法
1. 威士忌杯中放入檸檬角與糖水，以搗棒擠壓。
2. 杯內鋪上碎冰。
3. 依序倒入機能性飲料（如：蠻牛）、濃縮咖啡、氣泡水，攪拌後即可飲用。

Barisia's Note：
由於過程中有搗碎的動作，因此選用杯底厚的威士忌杯較為安全。

|琥 珀|

打開記憶中的日本銀座琥珀咖啡館，難以忘懷的職人手藝與執著，都透過琥珀色澤再次湧上心頭。也許口味大不相同，但深藏的想念未曾消失。

材 料
手沖咖啡 100cc、甘蔗汁 25cc
杏仁鮮奶油醬 適量

作 法
1. 先將手沖咖啡進行冰鎮。
2. 取一寬口杯，放入冰鎮後的手沖咖啡。
3. 加入甘蔗汁。
4. 以吧平匙（或湯匙背面）將杏仁鮮奶油醬鋪在最上層。

Barisia's Note:
杏仁鮮奶油醬：將杏仁粉10g以150°C烤10分鐘，加入動物性鮮奶油200g，煮3分鐘後過濾。

咖啡大師的咖啡館

50道冠軍級創意咖啡大公開

作　　者　鄭雅綺
攝　　影　楊志雄

發 行 人　程顯灝
總 編 輯　呂增娣
主　　編　李瓊絲
執行編輯　程郁庭
編　　輯　李雯倩、吳孟蓉
美術主編　潘大智
封面設計　潘大智
行銷企劃　謝儀方
出 版 者　四塊玉文創有限公司

總 代 理　三友圖書有限公司
地　　址　106台北市安和路2段213號4樓
電　　話　(02) 2377-4155
傳　　真　(02) 2377-4355
E － mail　service@sanyau.com.tw
郵政劃撥　05844889 三友圖書有限公司

總 經 銷　大和書報圖書股份有限公司
地　　址　新北市新莊區五工五路2號
電　　話　(02) 8990-2588
傳　　真　(02) 2299-7900

初　　版　2013年8月
定　　價　新臺幣325元
Ｉ Ｓ Ｂ Ｎ　978-986-89666-3-5（平裝）

http://www.ju-zi.com.tw
橘子 & 旗林 網路書店

國家圖書館出版品預行編目 (CIP) 資料

咖啡大師的咖啡館：50道冠軍級創意咖啡
大公開 / 鄭雅綺作. -- 初版. -- 臺北市：四
塊玉文創, 2013.08 面；　公分
ISBN 978-986-89666-3-5(平裝)

1. 咖啡
427.42　　　　102013452